MASCHINENGEWEHRE 1939–1945

ENTWICKLUNG – TYPEN – TECHNIK

Alexander Losert

VISIER
Motor buch Verlag

Einbandgestaltung: Frank Zähringer

Bildnachweis: Die zur Illustration dieses Buches verwendeten Aufnahmen stammen – wenn nicht anderes vermerkt ist – vom Verfasser sowie von Michael Heidler, aus dem VISIER-Archiv sowie von Ilya Gutmann.

ISBN: 978-3-613-04122-6

1. Auflage 2018

Sie finden uns im Internet unter www.motorbuch-verlag.de

Lektorat: Joachim Kuch / Joachim Köster
Innengestaltung und Satz: Gold Rose Publishing Ltd., 70190 Stuttgart
Druck und Bindung: Graspo CZ, 76302 Zlin
Printed in Czech Republic

INHALT

Vorwort

Eine Zeitenwende. Nichts anderes war es, als das Maschinengewehr die Schlachtfelder der Erde betrat. Schlagartig änderte sich die ganze Taktik beziehungsweise zwang die Strategen, sie zu ändern. Stürmten hundert Mann gegen zehn, war das bis dato eine klare Sache. Doch hatte nun einer der zehn ein Maschinengewehr, konnte er die hundert Angreifer einfach niederhalten. Numerische Infanterieüberlegenheit zählte nicht mehr. Ein MG-Schütze konnte ein ganzes Bataillon aufhalten. Es sei in diesem Zusammenhang nur an die »Bestie von Omaha Beach« während der alliierten Invasion 1944 erinnert. Ein einzelner MG-Schütze – Heinrich Severloh – schoss aus seinem Widerstandsnest mit seinem MG 42 12.000 Schuss auf die landenden Amerikaner. Laut eigenen (wohl übertriebenen) Angaben soll er 2000 Mann getötet oder verwundet haben. Auch wenn diese Zahl zu hoch gegriffen sein mag, so zeigt sie doch, was ein Mann alleine gegen eine zahlenmäßig überlegene Truppe mit nur einem Maschinengewehr aus- und anrichten kann.

Doch Maschinengewehr ist nicht gleich Maschinengewehr. Im Laufe der Militärgeschichte ist eine erstaunliche Zahl an Konstruktionen und Typen entstanden, die sich bei allen Gemeinsamkeiten doch wieder fundamental unterscheiden. Denn bis das erste einsatzreife MG auf den Schlachtfeldern erschien, gab es eine Vielfalt an technischen Lösungen und Entwicklungen, die nicht nur Waffensammler fasziniert.

Das gilt auch und gerade für die Maschinengewehre im Zweiten Weltkrieg, von denen viele auch als Beutewaffe gegen ihre bisherigen Besitzer eingesetzt wurden. Besonders die Wehrmacht nutzte viel ausländisches Gerät, weil die eigenen Kapazitäten nicht ausreichten, um alle Verbände entsprechend auszurüsten. Dieser Tatsache versucht dieses Buch gerecht zu werden, wobei ein Schwerpunkt bei den originär deutschen MG-Entwicklungen liegt, angefangen von der Entwicklung im Kaiserreich bis hin zur »Hitlersäge«, wie man das MG 42 im Landserjargon auch nannte. Darüber hinaus werden hier auch zum Schluss japanische Waffen beschrieben, denn im Kontext der MG-Entwicklung müssen diese ebenfalls betrachtet werden, denn sie spielten auf den anderen Kriegsschauplätzen eine gewichtige Rolle. Ganz abgesehen davon sind die Details und Hintergründe zu diesen Waffen viel zu interessant, als dass man sie einfach übergehen sollte. Aufgrund des beschränkten Platzes konnten allerdings nur die wichtigsten dieser ausländischen Typen behandelt werden.

Dieses Buch soll daher kein wissenschaftliches Fachkompendium sein, das sich erst nach einem Physikstudium mit anschließender Generalstabsausbildung erschließt, und auch kein lückenloses Lexikon aller Maschinengewehr-Entwicklungen seit Anbeginn. Auf den folgenden Seiten soll, schlicht und einfach, in komprimierter Form ein Überblick über die wichtigsten Infanteriewaffen des Zweiten Weltkriegs gegeben werden. Nicht mehr, aber auch nicht weniger. Es soll, ohne sich im Detail zu verlieren, den interessierten Lesern die wesentlich Fakten, Daten und Hintergründe vermitteln. Und möglicherweise werden auch ausgesprochene Spezialisten und Kenner der Materie noch die eine oder andere Einzelheit erfahren, die ihnen bislang unbekannt war.

Auf alle Fälle möchte ich an dieser Stelle noch ein paar Personen danken, ohne die dieses Buch nicht möglich gewesen wäre:

Michael Heidler, Autorenkollege und Freund, der mich bei der Arbeit unterstützte und viele Bilder beisteuerte.

Dr. Ilya Gutmann, geschätzter Kollege und Experte für die Waffen aus dem fernen Russland.
Der Wehrtechnischen Studiensammlung in Koblenz, namentlich *Lothar Simon* und *Helmut Bindl*, für ihre Unterstützung und Geduld.
Danken möchte ich auch allen anderen, die an der Entstehung dieses Buches mitgewirkt haben, die ich aber vergessen habe zu erwähnen.
Und natürlich auch meiner Frau *Ann-Christin*, der ich für ihre Geduld danken möchte, wenn ich mal wieder hinter meinen Büchern versunken war und die Zeit vergessen hatte. Ihr und meiner Tochter *Leonie Antonia* soll dieses Buch gewidmet sein. Auch oder gerade, weil es um Kriegswaffen geht, wünsche ich ihnen, dass sie vom Krieg für immer verschont bleiben möchten.

Alexander Losert
Grünberg, 2018

Breda Modell 1937 der italienischen Armee.

Ein Fla-MG auf einem Lastwagen.

MG-Schießen bei der Wehrmacht.

Kapitel 1
Die Vorgeschichte

Die Geschichte des Maschinengewehrs ist untrennbar mit der menschlichen Kriegsgeschichte verbunden. Seit jeher war man bestrebt darin, die Leistung der eigenen Waffen zu verbessern, um sich einen Vorteil gegenüber den Feinden zu sichern.
Das scheint einfach in der Natur des Menschen zu stecken, oder wie sollte man sich die Entwicklung von der Keule hin zum modernen Sturmgewehr erklären?

Im Schneckentempo voran

Bevor es aber ein Maschinengewehr geben konnte, war eine andere Erfindung nötig: das Schießpulver. Um diese Zusammenmischung sponnen sich im Laufe der Jahrhunderte zahlreiche Mythen, wer es denn nun erfunden hatte, diese Mixtur aus Salpeter, Kohlenstoff und Schwefel. Ein Mönch namens Berthold Schwarz? Nein. Sir Roger Bacon? Nein. Allgemein schreibt man es den Chinesen zu, das Schwarzpulver entwickelt zu haben, aber es bleibt unklar, welche Person denn nun diesen Meilenstein in der Menschheitsgeschichte hervorbrachte. Aber egal, wem das

Mit dem 08/15 beim Übungsschießen.

Verdienst denn nun gebühren mag, es dauerte seine Zeit, bis das Schwarzpulver auch zu militärischen Zwecken eingesetzt wurde. Im Jahr 1346, so belegen es die Quellen, kamen erstmals »Schreck-Kanonen« bei der Schlacht von Crecy zum Einsatz – jener legendären Schlacht, in der der englische Langbogen seine Überlegenheit bewies. Hier waren die Feuerwaffen noch Staffage – mit ihnen sollten die Pferde der gegnerischen Kavallerie scheu gemacht werden. Etwas mehr als 100 Jahre später verfügte Mohammed II. schon über eine Batterie von 76-cm-Kanonen, die mit Schwarzpulver Steine verschossen, um Festungen sturmreif zu schießen. Allerding waren diese Kanonen so groß und schwer, dass Dutzende Ochsen nötig waren, um das Geschütz in Stellung zu bringen.
Es gab aber auch schon erste Versuche, mit kleinen Ein-Hand-Rohren eine Wirkung zu erzeugen. Diese erwiesen sich als unhandlich, schwer zu laden und hatten auch weitere Nachteile. Doch der Anfang war gemacht, die Idee in der Welt. So dauerte es auch nicht mehr lange, bis die ersten Luntengewehre erschienen. Dann nahmen die Zyklen an Fahrt auf. Dem Luntenschloss folgte das Radschloss (vom Prinzip her heute noch in Feuerzeugen zu finden) und dann das Steinschloss (noch während des Ersten Weltkrieges gingen Lieferungen nach Afrika). Jedes dieser Schlösser stellte eine Weiterentwicklung dar, um das Vorgängermodell zu ersetzen und zu verbessern. Gleichzeitig einher ging damit auch der Gedanke, wie man die Feuerrate steigern konnte.
Alle bislang eingeführten Waffen waren Vorderlader, die entsprechend ihrem Namen auch von vorne zu laden waren. Das Problem: Nachladen nahm extrem viel Zeit in Anspruch. Schon als die Verwendung von Pulver aufkam, gab es die Ideen zu Mehrfachgeschützen, wie dem Ribauld – eine Konstruktion mit mehreren Läufen auf einem Karren, die alle auf einmal gezündet wurden. Eine beachtliche Feuerkraft, die aber noch nicht dem Prinzip des Maschinengewehrs folgten, nämlich eine ständige und vor allem anhaltende Feuerkraft. Eine der ersten Waffen, die in Richtung

der Feuerstöße ging, war die »Puckle´s Gun« aus dem Jahr 1718. Dabei handelte es sich um eine Revolver-Waffe, bei der der Zylinder per Hand weitergedreht werden musste. Jede Ladung der Waffe wurde dabei einzeln von einem Steinschloss-System gezündet. Belegt ist, dass es einem Schützen gelang, mit dieser Waffe innerhalb von sieben Minuten 63 Schuss zu verschießen. Das war zwar immer noch nicht das, was man als MG bezeichnen könnte. Auch war man immer noch gezwungen, nach jedem Schuss die Waffe erneut von vorne zu befüllen – der Vorderlader war eben noch nicht wegzudenken. Mit dem Aufkommen der ersten Hinterlader konnte jedoch in eine andere Richtung gedacht werden, zumal eine weitere Innovation dazu kam.

Eine weitere Erfindung war auf dem Weg zum Maschinengewehr unerlässlich: das Zündhütchen. Damit einher ging auch gleich ein neues Zündsystem: die Perkussionszündung. Der Hammer schlug auf das Zündhütchen, in dem eine kleine Ladung einen Zündstrahl erzeugte. Der Zündstrahl ging über den Zündkanal zur Ladung und zündete diese. Ein wahrlicher Meilenstein. Damit waren drei der vier Voraussetzungen vorhanden, derer es bedurfte, um das Maschinengewehr zu schaffen – das Zündhütchen, die Treibladung und die Feuerwaffe. Ein letztes Element fehlte aber noch: die Patrone.

Die Patrone – vereinfacht ausgedrückt bestand sie aus Geschoss, Zündung und Treibladung – ermöglichte es erst, Maschinenwaffen zu entwickeln, da für eine andauernde Schussfolge auch eine andauernde Zündung vonnöten war. Auch hier bedurfte es einer ganzen Reihe von Entwicklungen, um zur modernen Metallpatrone, wie man sie heute kennt, zu gelangen. Die erste Patrone im heutigen Sinne hatte eine Papierumhüllung. Diese wies schon alle Komponenten späterer Ausführungen auf. Für die frühen Hinterlader entwickelte man die Patrone weiter. Die Ideen von Lefaucheux und Flobert beeinflussten die Evolution hin zur modernen Patrone immens, wobei vor allem Letzterer mit seiner Flobert-Patrone (hier waren Zünd- und Treibmittel Knallquecksilber) schon in die heutige Richtung wies. Mitte des 19. Jahrhunderts hatte man Metallhülsen zur Verfügung, die alle wich-

Der britische Kriegsminister Leslie Hore-Belisha bei einer MG-Vorführung.

tigen Komponenten in sich vereinigten. Zudem dichtete der Patronenboden nach hinten ab, was ein weiterer Pluspunkt dieser Bauweise war. Erst jetzt konnte an die Entwicklung von immer schneller schießenden Waffen gedacht werden.

Die Geschwindigkeit nimmt zu

Und auch hier lässt sich schwer beschreiben, wer denn auf diesem Gebiet die größten Arbeiten leistete. Rund um den Globus saßen viele kluge Köpfe an der Konstruktion von Schnellfeuerwaffen. James Lille verband im Jahr 1857 das System der mehrläufigen Waffen mit dem System des Revolvers. Er konstruierte eine Apparatur, bei der mehrere Läufe übereinander und mit je einer Revolvertrommel angeordnet waren. Jede Trommelkammer hatte einen eigenen Zündnippel, neben den Laufreihen befand sich ein Bedienhebel zum Abfeuern. Durchsetzen konnte sich die Erfindung nicht.

Ein Amerikaner namens Barnes erhielt ein Jahr vor Lille ein Patent auf eine selbstspannende Perkussionswaffe mit einer Kurbel, die mit Patronen aus Leinen arbeitete. Die Schüsse wurden durch das Drehen der Kurbel abgegeben, nachdem durch einen Mechanismus die Zündhütchen auf die Pistons kamen. Ebenfalls von einem Amerikaner, diesmal ein Mister Ripley, stammte die Idee einer Waffe mit neun feststehenden Läufen und einer Trommel dahinter, die rotierte. Nach dem letzten Schuss ersetzte der Schütze dann die Trommel und schoss weiter. Aber auch hier stand niemand Schlange, um die Erfindung zu erwerben.

Bewegung in die Entwicklung der MGs kam – wie sollte es auch anders sein – zu Zeiten, als es Krieg gab. Schon als der Amerikanische Bürgerkrieg seinen Anfang nahm, dachten viele Leute darüber nach, wie sich effektiver schießen ließ. Schon kurz vor dem Ausbruch des Sezessionskrieges kam »Agers Kaffemühle« auf den Markt, die einem Engländer namens Wilson Ager zugeschrieben wird, allerdings gab es bald in den USA Streit um die Patentrechte eben für diese Waffe. Im Spätherbst 1861 beschaffte die Unionsarmee erste Exemplare. Diese Schnellfeuerwaffe bestand aus einer Radlafette mit einem einfachen revolverartigen Hinterladeverschluss, der mittels einer Kurbel um seine eigene Achse rotierte. Anstelle der Bohrungen der Trommel besaß der Zylinder runde Aussparungen, in welche die Ladehülsen aus einem trichterförmigen Container fielen. Jeder dieser mehrfach wiederverwendbaren Hülsen wurde von vorn mit Pulver und einem Geschoss bestückt und besaß hinten ein Perkussionspiston. Beim Drehen an der Kurbel wurde die Hülse gegen das Rohr gepresst und das Zündhütchen erhielt einen Schlag – der Schuss löste sich. Beim Weiterdrehen fiel die leere Hülse nach unten und die Abfolge begann erneut.

Verlässliche Angaben über den Nutzen dieser Waffe lassen sich nicht belegen, auch wenn in einer Ausgabe von Scientific American von 1862 die Ager als »praktisch nutzlos« beschrieben wird. Man muss wohl den Schluss ziehen, dass, wenn diese Waffe einen Vorteil gebracht hätte, sie sicherlich breite Erwähnung gefunden hätte und auch in großen Stückzahlen beschafft worden wäre. Nichtsdestotrotz dürfte die »Kaffeemühle« gerade jenen Mann inspiriert haben, der das wohl erste praktikable Schnellfeuergeschütz konstruierte, das auch gleich seinen Namen trug: die Gatling-Gun.

Mr. Gatlings Erfindung

Für die meisten ist die Gatling-Gun das erste echte Maschinengewehr überhaupt. Im Jahr 1861 begann er mit den Arbeiten an seiner Entwicklung, der man die Nähe zu den Vorgängern anmerkte und die verschiedene Details etwa von Ripley und Ager beinhaltete. Seine neue Waffe verfügte aber über sechs Läufe, die alle einen eigenen Schlagbolzen besaßen und mittels Handkurbel rotierten. Im Jahr 1862 vorgeführt, gingen auch gleich einige Stück weg, doch der große Erfolg ließ noch auf sich warten. Im Jahr 1865 kam eine überarbeitete Neukonstruktion von Gatling auf den Markt, dies war jedoch für den Einsatz im Bürgerkrieg zu spät. Dennoch übernahm die US-Army die Gatling als Ordonnanz-Waffe im Jahr 1866.

Und auch in der alten Welt hörte man von der Gatling-Gun aus Amerika. Nachdem das Problem mit der Munition geklärt war, bezogen auch die britischen Streitkräfte die Waffe, die sie in Peru im Jahr 1877 und in Peru 1879 erfolgreich einsetzten. Und auch die Russen zeigten sich angetan und importierten die Gatling ab 1871, die vorher aber für die russischen Kaliber umgerüstet werden mussten. Später lief

Streifzug durch die Geschichte: von der Gatling-Gun bis zur modernen Mini-Gun.

die Fertigung dieser Waffen im Zarenreich unter dem Namen »Gorloff« (benannt nach dem General, der die Fertigung und Ablieferung der ersten Gatlings zu überwachen hatte) an.

Und natürlich wollten die Preußen ebenfalls in den Genuss dieser automatischen Waffe kommen, die man dann auch ausgiebig testete. Am Ende kauften nahezu alle Staaten die Gatling oder fertigten sie in Lizenz. Die Entwicklung des Systems ging weiter (etwa mit Trommelmagazin), bis 1895 schließlich die letzte Stufe der Gatling-Gun erreicht war – deswegen kann man sagen, dass es »die« Gatling gar nicht gibt: Es existierte eine ganze Reihe von Waffen mit diesem Funktionsprinzip, die sich alle unterschieden.

Mehr als nur Gatling: die Alternativen

Doch nicht alle Länder nutzten diese Waffentechnik. Frankreich etwa verfolgte zunächst ein ganz anderes System. Waffen mit vielen Läufen und gleichzeitiger Schussabgabe bei schnellem Nachladen verhießen mehr Erfolg – also ein Salvengeschütz. Man setzte also auf das System Mitrailleuse. Von einem Belgier entwickelt, schaffte Kaiser Napoleon III. eine ganze Reihe davon an. Mittels Kurbel ließen sich mit schneller Drehung alle Läufe auf einmal oder im langsamen Tempo die Rohre nacheinander abfeuern. Die Munition saß dabei auf Platten, die man von hinten aufsteckte, alles verriegelte und wieder zu schießen begann. Die Kadenz lag bei etwa zwölf Platten in der Minute bei einer eingespielten Bedienung. Untergebracht war alles auf einer Lafette und die Ausmaße waren der einer Kanone des 19. Jahrhunderts nicht unähnlich. Zwar war das Feuer der Mitrailleusen fürchterlich, doch setzten die Franzosen sie meist wie Artillerie, also hinter der Linie, anstatt wie eine Infanterieunterstützungswaffe, also vorne, ein. Bei Gravelotte gelang ein Sieg, doch der Krieg ging für das Kaiserreich verloren. Zum Ende hin bekamen die Franzosen noch einige Gatlings, die sie auch erfolgreich einsetzten, aber eben zu spät.

Überhaupt nahm die Entwicklung des MGs im 19. Jahrhundert ein beachtliches Tempo an. Denn nicht

Vickers Bike: Wie zu sehen ist, nutzte man das MG als mobile Waffe.

nur Gatling konstruierte eine Waffe, sondern auch noch andere. So etwa William Gardner aus Toledo in Ohio. Als Soldat der Union erlebte er den Krieg mit und begann nach dessen Ende eine Maschinenwaffe zu bauen. Das nötige Geld erhielt er von Pratt & Whitney, später bestens bekannt für seine Flugzeugmotoren. Seine Vision bestand aus zwei nebeneinander liegenden Läufen, die in einem Laufmantel ihren Platz fanden und mittels Laufringen zusammengehalten wurden. Auch hier fand sich eine Bedienungskurbel. Gardner baute seine Waffe äußerst solide, noch dazu mit einem sicheren Verschlusssystem. Bei einem Versuchsschießen im Jahr 1879 sollte sie zeigen, was in ihr steckte. 10.000 Schuss in etwas mehr als 27 Minuten bei nur fünf Pannen (schuld war eine Kante am rechten Lauf) brachte sie zustande. Doch die Armee interessierte sich nicht für das Modell und blieb lieber bei der Gatling. Aber die Briten zeigten Interesse. Sie ließen sich verschiedene Modelle vorführen, entschieden sich dann für die Version mit fünf Läufen, die sie auch beim Feldzug im Sudan im Jahr 1884 einsetzten. Ähnlich erging es auch De Witt Clinton Farrington, der die Lowell-Gun schuf, benannt nach dem Ort ihrer Entstehung, der Lowell Manufacturing Co in Lowell, Massachusetts. Das MG bestand aus vier Läufen und hatte ebenfalls ihre konstruktiven Eigenarten. Im Jahr 1876 nahm sie an einem Testschießen teil. Farrington war derart überzeugt von seiner Erfindung, dass er darauf bestand, dass zwei ungeübte Arbeiter, die noch nie mit Waffen zu tun gehabt hatten, schießen sollten. Nach einer Einweisung ging es los. Alles klappte, 10.000 Schuss verließen die Rohre, bei nur einer Ladehemmung. Dennoch nahm man weitere Änderungen vor, schickte das MG zu einem neuen Schießversuch. 50.000 Schuss bei zwei Ladehemmungen lautete das Ergebnis. Aber zu einem kommerziellen Erfolg wurde die Waffe trotz ihrer Leistungen nicht. Nur wenige Lowell-Guns wurden verkauft, so dass die Lowell Company ihre Produktion einstellte.

Europäische Entwicklungen

Aber auch in Europa gab es Menschen, die an MGs arbeiteten, wie etwa der schwedische Ingenieur Heldge Palmcranz. Der hatte zwar die Idee, aber kein Geld. Das hatte der englische Bankier Thorsten Nordenfeldt, und der war vom Entwurf so überzeugt, dass er für die Produktion in England sogar eine eigene Fabrik errichten ließ. Darüber hinaus sorgte er dafür, dass alle Welt wusste, was die Waffe konnte – ein Vorläufer des modernen Marketings. Im Jahr 1882 kam es zur Vorführung der Nordenfeldt bei der Roy-

Auch auf größeren Gefährten kam das Vickers zum Einsatz.

al Navy. Das Versuchsmodell verschoss 3000 Schuss in etwas mehr als drei Minuten, was eine für die damalige Zeit unvorstellbare Kadenz darstellte. Allerdings hatte die Nordenfeldt auch zehn Läufe (es gab auch andere Varianten mit zwei oder gar zwölf Läufen). Die Munition fiel von oben in die Waffe. Am Ende bezog die britische Marine die Waffe. Die Nordenfeldt Company entwickelte im Laufe der Jahre eine ganze Reihe von Waffen und auch Munition, so etwa ein panzerbrechendes Geschoss, das aber nie zum Einsatz kam. Dennoch blieb der Name »Nordenfeldt« nur eine Randnotiz in der MG-Geschichte, und auch für das Gatling lief die Zeit ab. Es es genügt ein Name, um diese Zeitenwende im MG-Bau zu bezeichnen: Maxim.

Maxims Maschinengewehr

Hiram Maxim gilt als einer der wichtigsten, wenn nicht gar als der wichtigste MG-Konstrukteur überhaupt. Von Hause aus Erfinder, stammen zahlreiche Patente von ihm, wie automatische Mausefallen, aber eben auch Gewehre, Schalldämpfer oder Maschinengewehre. Das Laden mittels Rückstoß kann ihm zugeschrieben werden. Er dachte lange über das Problem nach, schnappte sich eine Winchester-Waffe und baute in den Schaft eine Federdämpfung ein. Beim Schuss stauchte sich die Feder, und die Waffe lud über ein Stangensystem, das sich beim Auseinandergehen der Feder aktivierte, selbstständig nach. Damit war der Beweis erbracht, dass man mit Hilfe des Rückstoßes nachladen konnte. Eine wegweisende Entdeckung. Im Jahr 1884 stellte Maxim sein erstes MG-Modell vor. Es war eine 4,5 Meter lange Waffe, die auf einem 1,07 Meter hohen Dreibein thronte. Es

Das Maxim-MG ist der Ahnvater vieler folgender MGs.

war möglich, die Kadenz der Waffe zu ändern, auf bis zu 600 Schuss in der Minute. Das Maxim war der erste erfolgreiche Versuch, über den Gasdruck der Treibladung die Schussfolge zu steuern – vorbei waren die Zeiten, in denen eine Kurbel nötig war, um zu schießen, auch wenn das erste Maxim noch eine Kurbel hatte. Die beeinflusste aber nicht mehr die Feuergeschwindigkeit, denn der Gasdruck wirkte auf die Kurbel, die das Dreiviertel eines Kreisumfangs zurücklegte, dann anstieß und dann die Waffe erneut abfeuerte. Doch dafür genügte der Finger am Abzug.

Das MG 08/15 stellt eine leichtere und veränderte Version des MG 08 dar. Es entwickelte sich zum Inbegriff des Durchschnitts.

Das zweite Maxim-Modell hatte dann keine Kurbel mehr. Auf alle Fälle revolutionierte Maxim das Maschinengewehr. Die erste Serienwaffe war ein Rückstoßlader mit Kniegelenkverschluss, aber die Entwicklungen gingen immer weiter, vor allem auch, weil Maxim einen starken Partner gewinnen konnte: Vickers. Gemeinsam gründeten Hiram Maxim und Albert Vickers die Maxim Company und begannen Prototypen zu fertigen. Die Briten kauften die Waffen, aber auch andere Länder zeigten großes Interesse. Frankreich, Italien, Österreich-Ungarn und natürlich auch das Deutsche Kaiserreich ließen sich die Erfindung vorführen. Bei einem Vergleichsschießen in Deutschland, unter den Augen des Kaisers, traten ein Maxim, eine Gatling-Gun, ein Nordenfeldt und eine Gardner-Gun gegeneinander an. Am Ende stand das Maxim als Sieger auf dem Platz und der Kaiser soll gesagt haben, dass er nur diese Waffe haben wolle. Das war auch logisch, denn das Maxim erfüllte die Bedingungen (333 Schuss auf ein 200 Meter weit entferntes Ziel) mit nur einem Mann als Bedienung in 30 Sekunden, während die Konkurrenz mit mehreren Männern mehr als eine Minute dafür brauchte.

So trat das Maxim-System seinen Siegeszug in Europa an. Beim Zaren in Russland entstand gleich eine neue Fabrik zur Produktion der Waffen. Schnell zeigte sich auch die Wirksamkeit der Maschinenwaffe, wie etwa 1893 im sogenannten »Matabele«-Feldzug. Hier standen 50 rhodesische Polizisten mehr als 5000 Stammeskriegern gegenüber, doch die Polizisten verfügten über vier Maxim-MGs. Mehrmals griffen die Matabele an, wurden aber immer wieder zurückgeschlagen. Am Ende starben 3000 von ihnen im Kugelhagel der Maxim-MGs.

Und auch in anderen Konflikten bewies die neue Erfindung ihre Stärke, das Töten wurde industrialisiert.

1888 fusionierte die Maxim-Company mit den Nordenfeld-Werken, bis Vickers im Jahr 1892 alles aufkaufte und nun aus dem Maxim-MG das Vickers-MG wurde, wobei man gleichzeitig weitere Verbesserungen vornahm. Die Russen bauten bald ihre eigenen Maxims, die Deutschen entwickelten auf Grundlage des Maxims eigene Gewehre, wie so viele andere auch. Doch im Endeffekt fußte alles auf der Erfindung von Hiram Maxim, der mit dem Rückstoßladerprinzip seiner Konstruktion das Maschinengewehr überhaupt erst möglich machte. Als es dann in den Ersten Weltkrieg ging, verfügten alle kriegsführenden Nationen über Maschinengewehre, die auf den Prinzipien von Maxim aufbauten.

Das erste Völkerringen

Das Maschinengewehr und der Erste Weltkrieg gehören zusammen. Wenn vom anonymen Sterben an den Fronten der Massenheere die Rede ist und von den technischen Neuerungen, gehört das MG zu den meistgenannten. Vorbei war es mit den Kavallerieattacken mit gezückten Säbeln, mit den über freies Feld vorrückenden Schützen – im Zeitalter der Maschinenwaffen kam das einem Selbstmord gleich. Und jede Nation bemühte sich nach Kräften, die neue Waffe zu perfektionieren und möglichst effektiv zur Geltung zu bringen.

Das Deutsche Kaiserreich gliederte seinem Heer schon früh Maschinengewehr-Kompanien an. Diese Kompanien bestanden aus drei Zügen zu je zwei MG 08. Dieses Modell war ein Nachfahre des Maxim-MGs, aber schwer und unhandlich. Daher entstand bald eine verbesserte Ausführung, die zum Synonym für Durchschnittlichkeit werden sollte: das MG 08/15. Dieses war um einiges leichter und vereinfachte den Stellungswechsel.

Ein MG 14 auf einer improvisierten Lafette zur Flugabwehr.

Die Soldaten des britischen Empire nutzten schwere Vickers-MGs, erwarben aber im Jahr 1913 die Lizenz, um die handlicheren Lewis-MGs zu fertigen. Das Lewis-MG M1914 lässt sich zudem auch noch als das erste leichte MG (lMG) bezeichnen. Selbst mit seinem Tellermagazin wog es nur 12,5 Kilogramm – als Beutewaffe war es auch bei den deutschen Soldaten sehr beliebt.

Die Franzosen nutzten kein auf Maxim basierendes MG ein, sondern setzten auf Gasdrucklader. Das Mle 1907 war aufgrund seiner Schmutzanfälligkeit völlig ungeeignet für den Grabenkrieg. Das Hotchkiss-Modell Mle 1941 war dagegen besser, avancierte aber erst im Jahr 1917 zum Standard-MG. Pech hatten die Franzosen auch mit einem anderen Modell, dem Fusil-Mitrailleur Mle 1915. Überhitzung und Ladehemmungen waren noch die kleinsten Probleme dieses Systems.

Die zaristischen Soldaten gingen mit den Maxims-Modellen M1905 und PM M1910 in den Ersten Weltkrieg, wobei letzteres ein Nachbau des ersten Vickers-MG aus dem Jahr 1906 darstellte. Aus dem Russisch-Japanischen Krieg von 1904/05 verfügten sie über reichhaltige Erfahrungen mit diesen Waffen. Vor allem das PM M1910 sollte lange im Dienst bleiben und sich auch noch im Zweiten Weltkrieg finden. Auf einem kleinen Karren beweglich gemacht, konnte die insgesamt 60 Kilogramm wiegende Konstruktion gut bewegt werden. Da es im Osten eher zu Bewegungsschlachten kam als im Westen, bewährten sich die schweren russischen Waffen.

Deutschlands Verbündeter, Österreich-Ungarn, war das wohl am schlechtesten auf einen Krieg vorbereitete Land. Die Soldaten der Donaumonarchie zogen mit dem Schwarzlose MG 07 in den Waffengang. Das war zwar an sich eine einfache und unkomplizierte Konstruktion, wies aber zwei elementare Schwachpunkte auf. Der eine war der Auszieher, der einen Öler für die Munition notwendig machte (dieses Problem konnte man mit der verbesserten Version MG

Ein russisches Maxim-MG bei deutschen Truppen.

07/12 lösen, das einen stärkeren Auszieher hatte). Der andere Schwachpunkt bestand im kurzen Lauf. Den hatte man gewählt, um den Druck auf die Patronenhülse schnell abzubauen, dadurch aber die Geschossgeschwindigkeit und die Präzision so herabgesetzt, dass die Waffe nicht viel taugte. Ihre Probleme mit der Maschinengewehr-Ausstattung konnten die Österreicher bis zum Kriegsende nicht bewältigen, und die erbetenen deutschen MGs bekam man nicht, weil die Deutschen selbst zu wenige hatten.

Als die Vereinigten Staaten von Amerika 1917 in den Krieg eintraten, hatten die Yankees in Sachen Maschinengewehr noch gewaltigen Nachholbedarf. Die US-Armee hatte in ihren Arsenalen ein buntes Sammelsurium an unterschiedlichsten Typen. John Moses Brownings »Browing Automatic Rifle« sollte Abhilfe schaffen, gelangte jedoch nur in geringen Stückzahlen auf die Schlachtfelder in Europa. Das Gleiche galt auch für das von Browning entwickelte M1917. So mussten die amerikanischen Soldaten zunächst auf Waffen der Verbündeten zurückgreifen. Erst nach dem Ende des Krieges konnte man die Truppen mit eigenen Maschinengewehren ausstatten.

Die Jahre zwischen den Kriegen

Kaum schwiegen die Waffen, legten die Siegermächte auf den nachfolgenden Konferenzen die Lunte für den nächsten Konflikt. Zwar war man im Falle des besiegten Deutschlands bestrebt, eine zukünftige Gefahr auszuschließen, doch der Vertrag von Versailles erreichte bekanntlich das Gegenteil. Schon früh liefen in Deutschland die Vorbereitungen an, um im Geheimen wieder aufzurüsten. Zur Umgehung der alliierten Auflagen gründeten deutschen Firmen Niederlassungen im Ausland oder beteiligten sich an ausländischen Unternehmen. So gingen etwa die Maschinen von Rheinmetall nach Solothurn in der Schweiz, und wenig später entstanden schon schon die ersten Exemplare. Die dortige »Munitions- und Waffenfabrik Sömmerda AG« schuf etwa auch das MG 13, welches

Auf diese Art und Weise übte man den schießenden Luftkampf.

sogar noch am Ende des Zweiten Weltkriegs zu finden war – allerdings meist beim Volkssturm oder anderen nachrangigen Truppen. Auch die Franzosen strebten nach einem neuen Maschinengewehr, da ihre eigenen im Krieg eben unzulänglich waren. Das Ergebnis war das Mle 1924/29, welches sich ebenfalls im nächsten Krieg wiederfinden sollte. Belgien erhielt nach Kriegsende wieder die volle Verfügungsgewalt über die FN-Werke, nachdem es jahrelang von den Deutschen besetzt worden war. Zusätzlich gab es 59 Millionen Francs als Entschädigung für FN, womit die Leitung gleich in den Markt einstieg. Man produzierte Motorräder, Schreibmaschinen und eben auch Waffen – so für Serbien, wo gleich eine ganze Waffenfabrik entstand. Ein Coup gelang den Belgiern, nachdem FN quasi als Verkaufsagentur für die Amerikaner von Colt agieren konnte. So gingen über FN Tausende BARs an Polen, nachdem sich die Ame-

rikaner und Polen nicht hatten direkt einigen können. Und auch die Tschechen – bislang im Vielvölkerstaat der Habsburger eingepfercht – gingen an die Etablierung einer eigenen, unabhängigen Waffenproduktion. Alles dazu war vorhanden: die nötigen Talente, die Rohstoffe und die Fabriken. Hier waren es die Brüder Holek und auch die Brüder Koucky, die der MG-Entwicklung Impulse gaben. So entstanden etwa die Modelle ZB 26 und ZB 30 in der Tschechoslowakei. Und die Tschechen gingen gleich auch noch ein Abkommen mit den Briten ein. Die königliche Waffenfabrik Enfield (RSAF) übernahm die Lizenzfertigung eines Holek-Entwurfs, der vielen unter dem Namen »Bren« ein Begriff werden sollte – die Verkürzung der beiden Worte »Enfield« und »Brünn«. Und auch weitere gelungene MGs sind tschechischen Ursprungs wie das ZB 35 oder das ZB 37.

Es gab aber noch eine Entwicklung im MG-Bau.

Modell 11 der Schweizer Armee.

Zwar dachte kaum jemand daran, die wassergekühlten, schweren MGs zu ersetzen, doch für die Infanterie, die sich gegebenenfalls schnell bewegen musste, sollte eine andere Lösung her. Das mündete in die gesteigerte Entwicklung von luftgekühlten Maschinengewehren mit Munitionszuführung in Form von Kastenmagazinen, aber eben auch in Form der Gurtzuführung. Auf alle Fälle gab es bald eine große Anzahl an unterschiedlichen Maschinengewehren, die sich im Krieg mal mehr und mal weniger bewähren sollten.

Vom Zweiten Weltkrieg in die Gegenwart

Als der Zweite Weltkrieg begann, führten alle Armeen der Welt leistungsfähige Maschinengewehre. Im Kampf aber zeigte sich bald, dass nicht jede Waffe auch den harten Anforderungen gewachsen war – so beispielsweise beim MG 34 im Russlandfeldzug 1941. Im dortigen harten Winter gefror unter Umständen das Öl, die Waffe hatte Ladehemmungen und andere Probleme. Doch das wiederum führte zu Verbesserungen bei den Nachfolgemodellen wie dem MG 42. Denn natürlich kam es während des Zweiten Weltkrieges zu immer neuen Entwicklungen, die auch die Nachkriegszeit beeinflussen sollten. So lagen Europa und Teile Asiens im Jahr 1945 zwar in Schutt und Asche, doch die technischen Neuerungen, die der Krieg mit sich gebracht hatte, bildeten die Grundlagen für die Konstruktion von neuen Waffen. Und das wird auch in Zukunft so bleiben. Verwunderlich? Nein, denn nie ist der Mensch kreativer, als wenn es darum geht, immer wirkungsvollere Waffen zu erfinden.

Das Schwarzlose-Modell war nicht auf der Höhe der Zeit.

Kapitel 2

Erfinder, Konstrukteure, Visionäre

Wirft man einen Blick auf die Geschichte dieses Stückes Technik, so fällt eines auf: »Das« Maschinengewehr gab es nicht. Viele kluge Köpfe tüftelten daran herum, entwickelten eigene Vorstellungen und brachten sie auf den Markt. Viele ihrer Konstruktionsprinzipien haben heute noch Gültigkeit. Deswegen müssen in einem Buch über Maschinengewehre auch einige der wichtigsten Köpfe hinter dieser Waffenentwicklung präsentiert werden.

Sir Hiram Steven Maxim

Hiram Steven Maxim kam 1840 in Maine als ältester Sohn eines Farmers und Mechanikers auf die Welt. Er machte schon in jungen Jahren eine seiner ersten Erfindungen: eine Mausefalle. Im Alter von 26 Jahren erhielt der junge Mann sein erstes Patent, diesmal für ein Haarwelleisen. Danach widmete er sich Lampen und Gasleuchten, was ihm eine Anstellung in einem Unternehmen in New York einbrachte, das sich ebenfalls mit Lampen beschäftigte. Auch Gas- und Dampfmaschinen, Batterien, Messgeräte und vieles mehr erfand oder verbesserte er. In den 1870er Jahren wagte er den Schritt in die Selbstständigkeit und gründete ein eigenes Unternehmen zur Vermarktung von Suchscheinwerfern: Er lebte den »American Dream«, seine Dampfmaschinen fanden ihren Weg bis nach Europa, die Suchscheinwerfer nutzte die Marine des russischen Zaren.

Sir Hiram Steven Maxim.

Im Jahr 1881 avancierte er zum leitenden Ingenieur der US Electric Lightning Company, was ihn auch nach Europa brachte. In Wien, so eine Anekdote, soll ihm ein Bekannter 1882 den Rat gegeben haben, eine Waffe zu erfinden. Damit könnten sich die Europäer besser umbringen, und er würde noch reicher werden. Ob das nun den Tatsachen entspricht, wird von vielen Wissenschaftlern bezweifelt. Unumstritten ist hingegen, dass Maxim bald darauf auf dem Reißbrett ein Gewehr entwarf, einen Selbstlader mit Röhrenmagazin. Hier sollte die Energie des Rückstoßes zum Nachladen genutzt werden.

Es folgten weitere Waffenentwürfe, und Maxim richtete in Hatton Garden in London eine Versuchswerkstatt ein. Dort entstand im Jahr 1884 das Urmodell seiner MGs – im Kaliber .45 Gatling-Gardner, Zuführung mittels Gurt. Kernstück war der bewegliche Lauf. Die durch den Schuss ausgelöste Rückwärtsbewegung des Laufs transportierte den Gurt weiter und entriegelte den Verschluss. Kniegelenk und Feder brachten Verschluss und Rohr wieder nach vorne, wobei eine neue Patrone eingeführt wurde, und der Schütze musste dazu lediglich den Abzug betätigen. Maxim bekam für seine Entwicklung eine Goldmedaille auf der Ingenieursmesse London und viel Aufmerksamkeit.

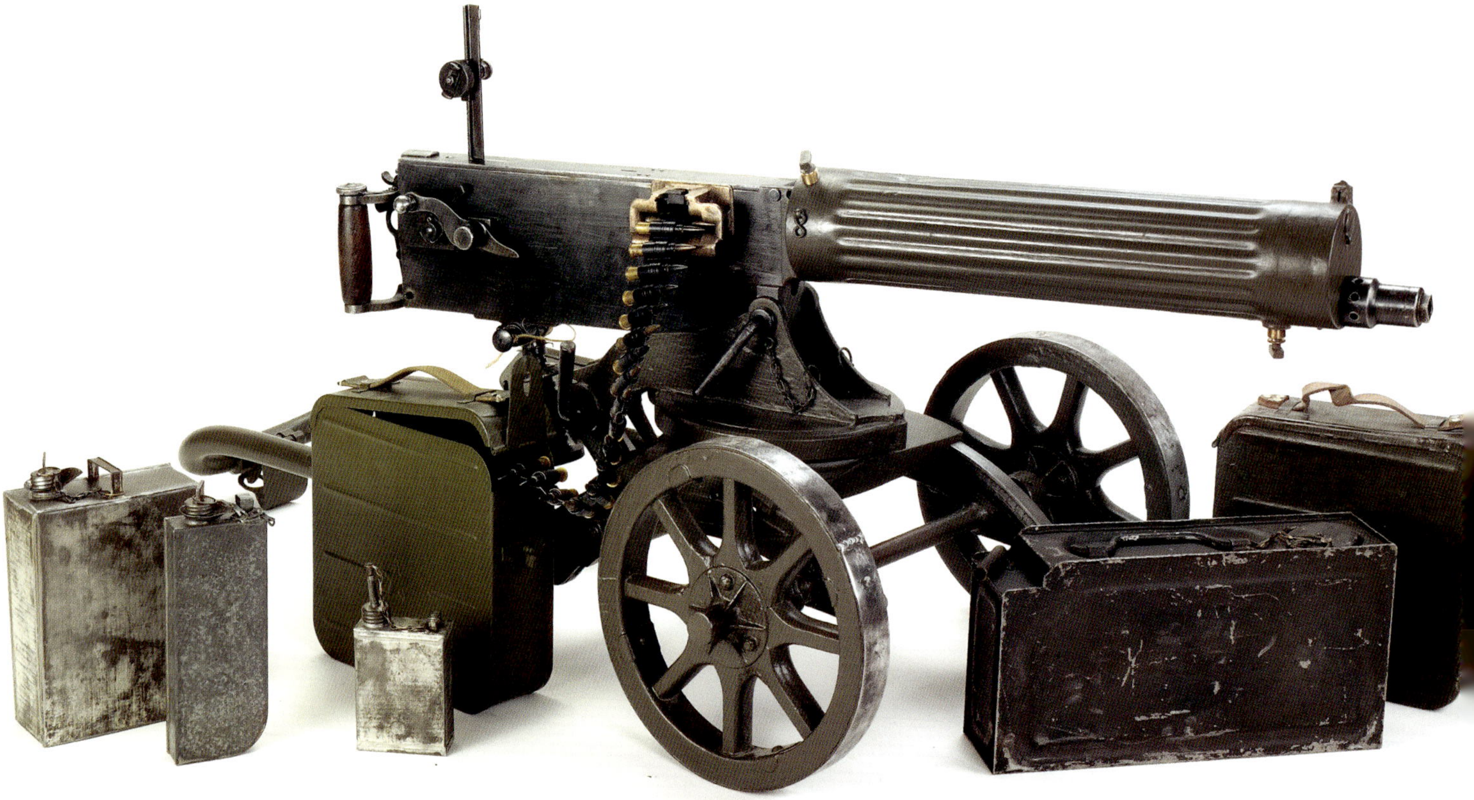

Das Maxim-MG fand sich bei der Roten Armee auch noch im Zweiten Weltkrieg.

Mit Albert Vickers zusammen entstand die Maxim Gun Company. Der Erfinder arbeitete in den kommenden Jahren weiter an der Vereinfachung seiner Waffe, um sie auch für Armeen attraktiv zu machen. Bald gab es funktionstüchtige Modelle, die an Armeeausschreibungen teilnahmen und direkt gegen Produkte von Gatling, Gardner und Nordenfelt antraten. Der Durchbruch erfolgte bei der Vorführung in Thun: Maxims MG schoss bessere Trefferbilder in der Hälfte der Zeit, die das Konkurrenzmodell von Gardner benötigte. Im Jahr 1888 orderten die Schweiz und Italien die ersten Maxims, Österreich-Ungarn folgte später mit weiteren 131 MGs. Damit war Maxim auf dem Markt angekommen, es folgte die Partnerschaft mit dem bisherigen Konkurrenten Thorsten Nordenfelt. Und auch Vickers beteiligte sich zusehends am Waffengeschäft. Im Jahr 1897 ging die Maxim-Nordenfelt AG im neuen Konzern »Vickers, Sons & Maxim« auf.

Im Jahr 1901 avancierte Maxim zum Sir durch den Ritterschlag der Queen. 1902 zog sich der Erfinder aus dem Tagesgeschäft zurück. Seine neue Leidenschaft galt der Entwicklung von Karussells, Flugzeugen und anderen Dingen, die nichts mit Waffen zu tun hatten. Ein so großer Erfolg glückte ihm dann nicht mehr, sein Fluggerät verunglückte, was dem Mann schwer zusetzte. In Sachen Waffentechnik tat sich hingegen sein Sohn hervor, er erfand den Schalldämpfer.

Sir Hiram Steven Maxim starb am 24. November 1916, als der Erste Weltkrieg tobte und seine Maschinengewehre blutige Ernte hielten. Und auch die deutschen MGs 08 und 08/15 gingen auf ihn zurück, womit beide Seiten seine Prinzipien für sich nutzten.

Andreas W. Schwarzlose

Suhl gilt als eine der Wiegen deutscher Waffentechnik. So sah das wohl auch der im Jahr 1867 geborene Andreas W. Schwarzlose. Der absolvierte dort eine Ausbildung und beschäftigte sich ab 1890 mit der Konstruktion und Entwicklung von Selbstladepistolen in einem eigenen kleinen Werk in Berlin-Charlottenburg. Im Jahr 1892 erhielt er sein erstes Patent für eine Erfindung basierend auf einer Art Rollenblockverschluss und einem kurzen Rohrrücklauf. Ein Stück aus dem Jahr 1898 verfügte schon über eine Verschlusssperre bei leerem Magazin. Im Jahr 1907 folgte eine Taschenpistole, deren Lauf sich beim Schuss nach vorne bewegte, um die Hülse auszuwerfen. Kommerziell kein Erfolg, brachten seine Pistolenkonstruktionen ihn doch über kurz oder lang zur Entwicklung von Maschinengewehren, mit denen er sich parallel beschäftigte.

Schon im Jahr 1902 ließ er sich ein System patentieren, das im Gegensatz zu anderen Modellen mit sehr wenigen Kleinteilen aufwartete. Die große, starke Hauptfeder diente nicht nur der Verzögerung und als Puffer, sondern trieb auch den Schlagbolzen. Ein weiteres Detail des MGs war eine Vorrichtung zum Ölen der Patronen. Im Jahr 1907 führte das österreichische Heer die Waffe ein, die Schwarzlose im Jahr 1912 noch einmal überarbeitete – die Schmierung fiel weg. Im Jahr 1936 starb Andreas Schwarzlose, nicht ohne der Welt ein weiteres MG-System zu hinterlassen.

Isaac Newton Lewis

Die Lewis-MGs genossen im Ausland mehr Ansehen als in ihrem Ursprungsland. Der Amerikaner Isaac Newton Lewis, Jahrgang 1858, wechselte nach einer Karriere beim Militär – letzter Dienstrang: Oberst bei der Küstenartillerie – 1910 zur Automatic Company in Buffalo, New York. Dort widmete er sich der Überarbeitung des Gasdrucklader-Entwurfs von Samuel McLean. Lewis behielt das Gaskolbensystem bei, welches den Drehkopfverschluss direkt anstieß, ergänzte es aber um ein Zahnradsystem und eine Schneckenfeder vor dem Abzug. Die Manschette der Konstruktion schützte die länglichen Aluminium-Kühlrippen. Der Mündungsaufsatz verwirbelte die Schussgase derart, dass sie den Zustrom kalter Luft durch den Kühlmantel von hinten nach vorne unterstützten. Doch bei der amerikanischen Armee fand Lewis keine Abnehmer. Er zerstritt sich mit dem Chef des US-Waffenamtes, General William Crozier, und ging nach Europa. Dort fanden sich genügend Interessenten, und seine Erfindung kam auch noch im Zweiten Weltkrieg zum Einsatz, ja sogar noch im jugoslawischen Bürgerkrieg. Doch diese Ereignisse erlebte der Schöpfer nicht mit: Isaac Newton Lewis war 1931 gestorben.

John Moses Browning

John Moses Browning

Der Colt 1911 – ein Stück für die Ewigkeit, das auch heute noch immer wieder Neuauflagen erlebt. Das Genie dahinter: John Moses Browning. Im Jahr 1855 geboren, entstammte der Erfinder einer Familie von Büchsenmachern und übernahm 1873 mit fünf Brüdern das elterliche Geschäft. Nebenbei tüftelte er an neuen Modellen herum. Im Jahr 1879 erhielt er sein erstes Patent auf einen Fallblockverschluss, den er über die Firma Winchester vermarktete. Er experimentierte viel mit Selbstladern, kam jedoch erst relativ spät zu den Maschinengewehren. Dem für Colt gebauten Gasdrucklader-MG von 1895 folgte im Jahr 1917 ein wassergekühltes sMG sowie das BAR. Sein Sohn Valmore arbeitete zu der Zeit als Offizier für das Zeugamt. Er unterstützte seinen Vater nach Kräften, doch erst im September 1918, also kurz vor dem Ende des Ersten Weltkrieges in Europa, kamen die Waffen an die Front. John Moses Browning starb im Jahr 1926, doch seine Erfindungen fanden sich bei vielen Einheiten im Zweiten Weltkrieg wieder.

John Moses Browning.

Richard J. Gatling

Er gilt als der Vater des Maschinengewehrs – je nachdem wie eng oder weit man den Begriff des MGs fasst. Richard J. Gatling kam im Jahr 1818 als Farmersohn in North Carolina auf die Welt und machte bald als Erfinder auf sich aufmerksam. Schon sein Vater entwickelte für die Landwirtschaft hilfreiche

Richard J. Gatling, © PD.

Dinge und vererbte sein Talent als Tüftler an seine vier Söhne, allen voran Sohn Richard. Ob auch seine drei Töchter so einfallsreich waren, ist nicht bekannt. Richard verdingte sich zuerst in anderen Berufen (etwa als Gerichtsschreiber), bis ihm mit der Erfindung einer Reispflanz- und Mähmaschine, die sich auch für die Weizensaat eignete, der große Wurf gelang. Solcherart abgesichert, widmete er sich anderen Dingen, wie der Medizin oder Experimenten mit einem dampfgetriebenen Maschinenpflug.

Die Idee zu der nach ihm benannten Revolverkanone soll ihm nach eigenem Bekunden kurz nach dem Ausbruch des Amerikanischen Bürgerkrieges im Jahr 1861 gekommen sein. Angeblich sollte seine Erfindung dafür sorgen, dass durch die höhere Feuerkraft weniger Soldaten benötigt wurden. Seine Rechnung ging wohl ungefähr so: 100 Soldaten = 100 Gewehre. Wenn es nun ein Gewehr gibt, mit dem ein Mann die gleiche Feuerkraft aufbringen kann wie sie alle zusammen aufbringen, können die anderen 99 zu Hause bleiben, während der eine mit seinem Gewehr loszieht und deren Job miterledigt. Ob er nun wirklich so naiv war, sei dahingestellt, Tatsache ist, dass er ein Patent auf eine durch eine Handkurbel angetriebene Waffe erhielt. Die Zuführung der Munition erfolgte von oben mittels Schwerkraft. Sechs Rohre drehten sich um eine Achse, während eine Steuerkurve die Verschlüsse öffnete und schloss, den Schlagbolzen spannte und freigab. Für einen Einsatz im Bürgerkrieg kam die Waffe aber zu spät. Erst 1866 bestellten die US-Streitkräfte die ersten Gatlings. Für Richard lohnte sich die Erfindung auf alle Fälle: Bis zu seinem Tod residierte er in einem Herrenhaus in Hartford. Colt übernahm bald die Serienfertigung der Waffe. Gatling starb am 26. Februar 1903.

Die Brüder Holek

Die Holeks – Vaclav, Frantisek und Emanuel – absolvierten alle drei eine Ausbildung zum Büchsenmacher. Nach dem Ende des Ersten Weltkrieges heuerten die Brüder gemeinsam bei der Waffenfabrik Praga an, Vaclav wechselte aber bald zu Zbrojovka Brno. Frantisek folgte ihm später und stieg dann zum Leiter der Forschungsabteilung auf. Emanuel hingegen entwickelte in Strakonice Selbstladepistolen und -gewehre. Die Tschechoslowakei gehörte in der Zwischenkriegszeit neben Belgien zu den Zentren der europäischen Waffenindustrie, und die Holkes waren die herausragenden Erfinder. Vaclav (1886–1954) zum Beispiel ersann das ZB 26, das wegweisend werden sollte für viele andere MGs. Nicht zuletzt deswegen gilt er als der bedeutendste Waffenkonstrukteur Tschechiens.

Werner Gruner

Das Heereswaffenamt der Wehrmacht war auf der Suche nach einem Produzenten für ein neues MG aus Blechformteilen. Bei den Recherchen stieß man dann auf das Unternehmen Großfuß im sächsischen Döbeln. Dort arbeitete der im Jahr 1904 geborene Dr. Ing. Werner Gruner, dessen Spezialgebiet die Massenfertigung von Stahlblechprägeteilen war. Diese Verfahrenstechnik, die »spanlose Umformung«, war im Grunde genommen auch die wichtigste Anforderung des Amtes, denn der Einsatz dieser Blechteile schien ideal zu sein für eine kostengünstige Großserienproduktion. Die Ausschreibung des Amtes wurde im Februar 1937 an verschiedene Firmen geschickt. Auch Gruner begann mit seinen Arbeiten. Ohne Erfahrungen im Waffenbau oder bei der Armee gewesen zu sein, konstruierte er ein Maschinengewehr, das sich gegen die Konkurrenten durchsetzen konnte. Es ist aber anzunehmen, dass Gruner sich bei der Konstruktion des Verschlusses professionelle Hilfe holte, denn der Verschluss ist eines der wichtigsten Teile einer Waffe: Ohne Vorwissen hätte er nicht in so kurzer Zeit ein so zufriedenstellendes Ergebnis erzielen können. Der Gruner-Entwurf erhielt die Bezeichnung »MG 39«, das nach einigen weiteren Entwicklungsschritten zum »MG 42« führte. Es folgten bis Kriegsende weitere Entwicklungen. Die Russen verbrachten Dr. Gruner in die Sowjetunion, um sein Wissen für sich zu nutzen.

Noch im Zweiten Weltkrieg nutzten die Amerikaner MGs aus dem Ersten Weltkrieg.

Nach seiner Rückkehr aus Russland ließ er sich in Dresden nieder, wo er im Jahr 1995 starb.

Louis Stange

Seine Erfindungen kennt jeder, der sich für Militärtechnik und den Zweiten Weltkrieg interessiert, doch seinen Namen hat man weitgehend vergessen: Die Rede ist vom 1888 in Sömmerda geborenen Louis Stange. Im Jahr 1907 begann er bei Rheinmetall, und bei Kriegsende 1945 stand er immer noch auf der Lohnliste des Rüstungsunternehmens. Seine bekanntesten Entwicklungen sind das Fallschirmjägergewehr

Das Gorjunow-MG auf passender Lafette mit Schild im Schuss.

42 (FG 42) und das MG 34, das zur Standardbewaffnung der Wehrmacht avancierte. Es war wegweisend in der Technikgeschichte, trotz seiner Schwächen, die während des Feldzugs im Osten besonders hervortraten. Der Waffenentwickler starb 1971 in Hassleben bei Erfurt.

Wassili Alexejewitsch Degtjarow

Ingenieursstudium, dann Anstellung in einer Waffenfabrik. So klassisch startete die Karriere von Wassili Alexejewitsch Degtjarow. Am 2. Januar 1880 in Tula geboren, avancierte er bald zum Leiter der Versuchswerkstatt bei seinem Arbeitgeber. Im Jahr 1931 stieg er zum Leiter des Konstruktionsbüros für automatische Schützenwaffen in Kowrow auf. In der Folgezeit entstand unter seiner Regie eine ganze Anzahl von Waffen, wie etwa eine Panzerbüchse oder eine Maschinenpistole. Zu den bekanntesten Stücken dürften sicherlich das leichte MG DP 1928 und das schwere MG DS 1939 gehören. Für seine Leistungen ehrte man Degtjarow im Jahr 1940 mit dem Titel »Held der sozialistischen Arbeit«. Im Jahr 1941 wurde er Mitglied der Kommunistischen Partei und gehörte in der 1. und 2. Legislaturperiode als Deputierter dem

Obersten Sowjet an. Während des Krieges, im Jahr 1944, stieg er zum Generalmajor des Artillerie-Ingenieurdienstes auf. Viermal erhielt er den Stalinpreis: 1941, 1942, 1944 und noch einmal posthum im Jahr seines Todes. Er starb am 6. Januar 1949.

Peter Maximovitsch Gorjunow

Im Jahr 1902 kam Peter Maximovitsch Gorjunow als einfacher Bauernsohn auf die Welt. Doch in der Landwirtschaft sah er für sich keine Zukunft und begann seine Karriere als Arbeiter in der Kolomna-Maschinenfabrik. Im Jahr 1930 wechselte er schließlich in das MG-Werk, wo er es bis zum Entwickler brachte. Eine seiner Erfindungen war das SG 43, das ihm einen Staatspreis und die Ehrenmedaille einbrachte. Gelernt hatte er sein Handwerk beim Entwickler W.A. Degtjarow. Gorjunow arbeitete vor allen am mittelschweren Gasdrucklader, gemeinsam mit seinem Neffen Michail Michailowitsch und Wassili Voronkow. Die drei nutzten beim Verschluss einen Kippblock – ähnlich dem Bren – der aber nicht horizontal abkippte, sondern sich seitlich rechts mit dem Gehäuse verkeilte. Das massive Rohr (bei späteren Fertigungen mit Kühlrippen versehen) ließ sich mittels eines Griffes relativ schnell aus dem Gehäuse entnehmen, sobald ein Riegel am Gehäuse gelöst war. Die Gurtzuführung war für einen neuen Metallgurt ausgelegt. Doch für einen Masseneinsatz kam Gorjunows SG 43 zu spät beziehungsweise wies noch Mängel auf, die man erst nach Kriegsende beheben konnte. Trotzdem ließ sich das SG 43 an verschiedenen Fronten finden, meist auf Lafette in Kombination mit der alten Sokolow- oder aber der neuen Gorjunow-Lafette mit klappbarer Deichsel und Schutzschild. Der Erfinder erlebte das Kriegsende nicht mehr mit. In dem Jahr, in dem die Produktion begann, 1943, starb Peter Maximovitsch Gorjunow.

Nambu Kijiro

Er gilt als Japans John Moses Browning: Nambu Kijiro. Er kam als zweiter Sohn einer Samurai-Familie in der heutigen Präfektur Saga am 22. September 1869 zur Welt. Gerade in dieser Zeit fand ein Epochenwandel im Land der aufgehenden Sonne statt. Das Land öffnete sich nach Jahrhunderten der Isolation gegenüber westlichen Einflüssen. Damit einher ging auch eine rasante Modernisierung der ganzen Inselwelt. Dabei folgten die Japaner der kaiserlichen Direktive, Maschinen und Industriegüter zu importierten, sie zu studieren, zu verbessern und in dieser besseren Form dann zu produzieren. Wie kaum ein anderer Japaner verinnerlichte Nambu diese Philosophie, die den Japanern zunächst den Ruf einbrachte, lediglich Kopisten zu sein.

Zuerst diente er in der Kaiserlichen Armee und gründete nach seiner Ausmusterung als Generalleutnant eine eigene Waffenfabrik, die »Nambu Juseizosho«. Von seinen Reisen, auch durch Europa, brachte er viele Ideen mit, die dann in eigenen Konstruktionen mündeten. Vor allem die Nambu-Pistolenfamilie dürfte große Bekanntheit haben, aber auch das MG Taisho 11, bei dessen Entwurf zweifelsohne das Hotchkiss Pate gestanden hatte. Trotz seiner gelungenen Entwürfe: Das Kaiserreich verlor den Krieg. Knapp vier Jahre nach der Kapitulation, am 1. Mai 1949, starb Japans bekanntester Waffenkonstrukteur.

Browning Automatic Rifle M1918 A2 – besser bekannt als BAR.

Kapitel 3
Wie ein Maschinengewehr funktioniert

Das Maschinengewehr hat eine lange Entwicklung hinter sich und es gibt viele verschiede Ausführungen. Dabei gleichen und unterscheiden sich die MGs in vielen Punkten. Deswegen nun ein paar Eckpunkte zur Funktionsweise dieses Waffensystems, das doch komplizierter und filigraner ausfgebaut ist, als es den Anschein hat.

Die frühen Waffen – wie etwa die Gatling-Gun – arbeiteten mit einer Kurbel, die die erforderliche Kraft erzeugte, um den Mechanismus in Gang zu setzen. Zuführung, Verschließen, Schuss, Verschlusslösung, Ausziehen der Hülse, Auswerfen, Neuspannen und das Nachladen, das alles funktionierte, wenn auch nicht immer in exakt dieser Abfolge, mit der externen Kraft. Bei den modernen Maschinengewehren genügte der Zug am Züngel, um den gesamten Prozess in Bewegung zu setzen, die Technik übernimmt den Rest. Das führt wiederum zu einer Unterscheidung, was die Begrifflichkeiten angeht, und über diese müssen wir uns zunächst klar werden.

Definitionsfragen

Streng genommen dürften nur Maschinengewehre als solche gelten, bei denen die Kraft von außen eingebracht wird. Wo dies nicht der Fall ist – eben bei den modernen Vertretern – muss man von »automatischen Waffen« sprechen. Da sich der Begriff des Maschinengewehrs aber allgemein eingebürgert hat, soll er auch so in diesem Buch verwendet werden, wobei die Definition von F.W.A. Hobart, entnommen seinem Werk mit dem kurzen Titel *Das Maschinengewehr*, die Basis bildet.

»Der Begriff ›Maschinengewehr‹ wird auf Waffen angewandt, die ohne Hilfe von im Grunde genommen außerhalb der Waffe liegender Vorrichtungen wie z.B. Handkurbeln oder Elektromotoren einen Feuerstoß automatisch verschießen. Die MG-Kaliber gehen vom normalen Armee-Kaliber bis auf 30 mm; aber in einem Buch wie diesem habe ich mich – von Ausnahmen abgesehen – auf Waffen beschränken müssen, die 12,7 mm (.5 inch) nicht überschreiten.«

Diese Definition passt, auch was die 12,7 mm angeht. Alles darüber fällt eher in den Bereich der Maschinenkanonen wie etwa bei der Me 109 und ihrer 20-mm-MK.Vom Prinzip her gleicht eine Schusswaffe einer Verbrennungsmaschine. Eine Reaktion erzeugt Gase, die wiederum ein Geschoss antreiben. Dabei wird Energie freigesetzt, die wiederum für automatische Waffen immens wichtig ist und ohne die eine automatische Waffe nicht funktionieren kann. Jedem Konstrukteur stehen dabei zwei Energiequellen zur Verfügung, die er für seinen Mechanismus nutzen kann: den Rücklauf des Systems und das Mündungsfeuer.

Das Rückstoßverfahren

Das Rückstoßverfahren und das Verriegelungssystem gehören zu den Möglichkeiten. Bei Ersterem wird der Verschlussblock – wenn nicht fest mit dem Lauf verbunden – durch den beim Schuss entstehenden Gas-

Laffetiertes MG – also schweres MG.

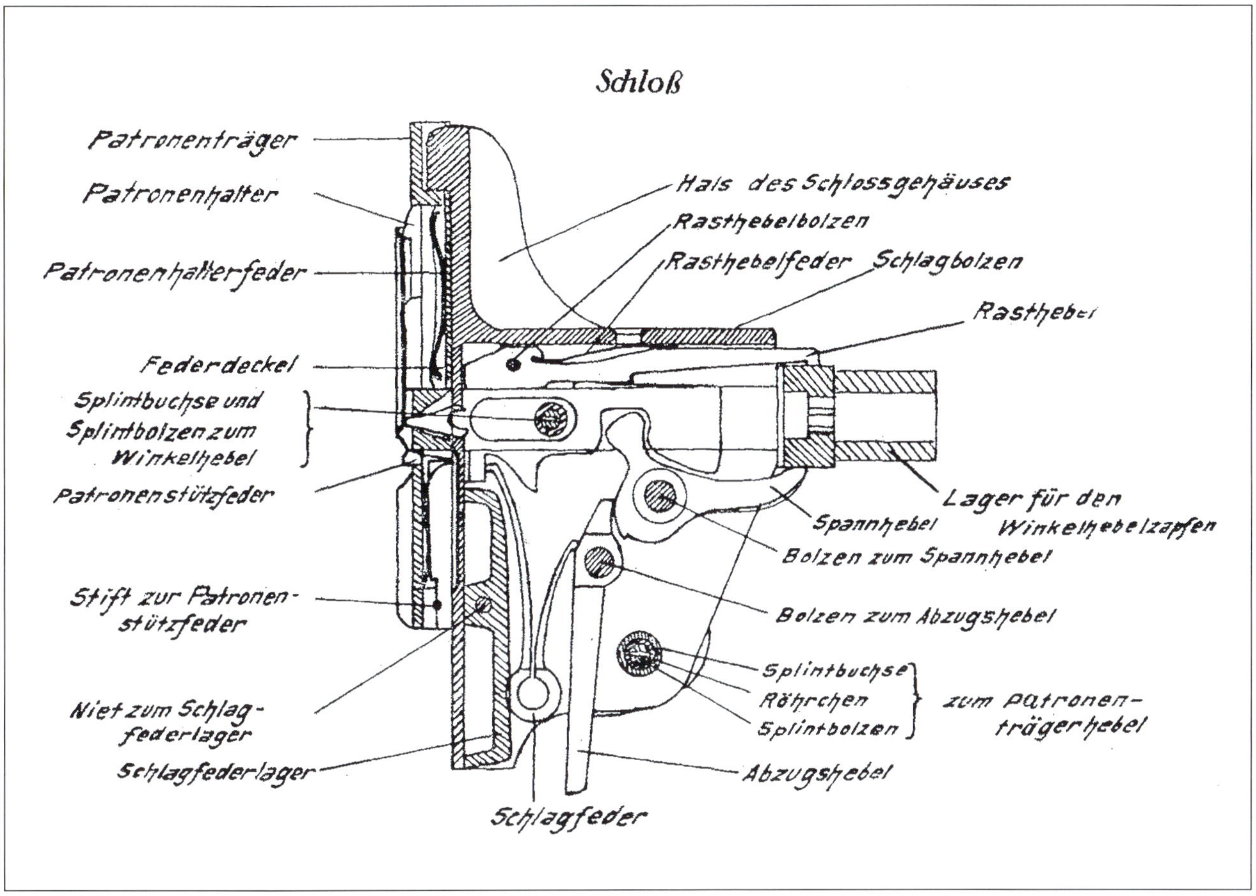

Schematische Darstellung eines Schlosses.

druck nach hinten gedrückt und zieht dabei die Hülse aus. Hier muss jedoch mit einer Verzögerung gearbeitet werden, da ansonsten die Gefahr besteht, dass die Gase die Hülse zerstören, wodurch wiederum eine Waffenstörung auftreten würde. Eine Sperre hält den Verschluss solange zurück, bis der Druck nachlässt. Erst dann löst sich die Sperre und gibt den Block frei. Wenn die Sperre wieder einrastet, der Verschluss wieder an seinem alten Platz ist und die Patrone zugeführt wurde, beginnt der Zyklus von vorne. Dieses Verfahren wird aber meist nur bei Maschinenpistolen angewandt, die Pistolenmunition verschießen.

Das Verriegelungssystem

Beim Verriegelungssystem sind Lauf und Verschlussblock fest miteinander verbunden. Der beim Schuss

Rollenverschluss des MG 42.

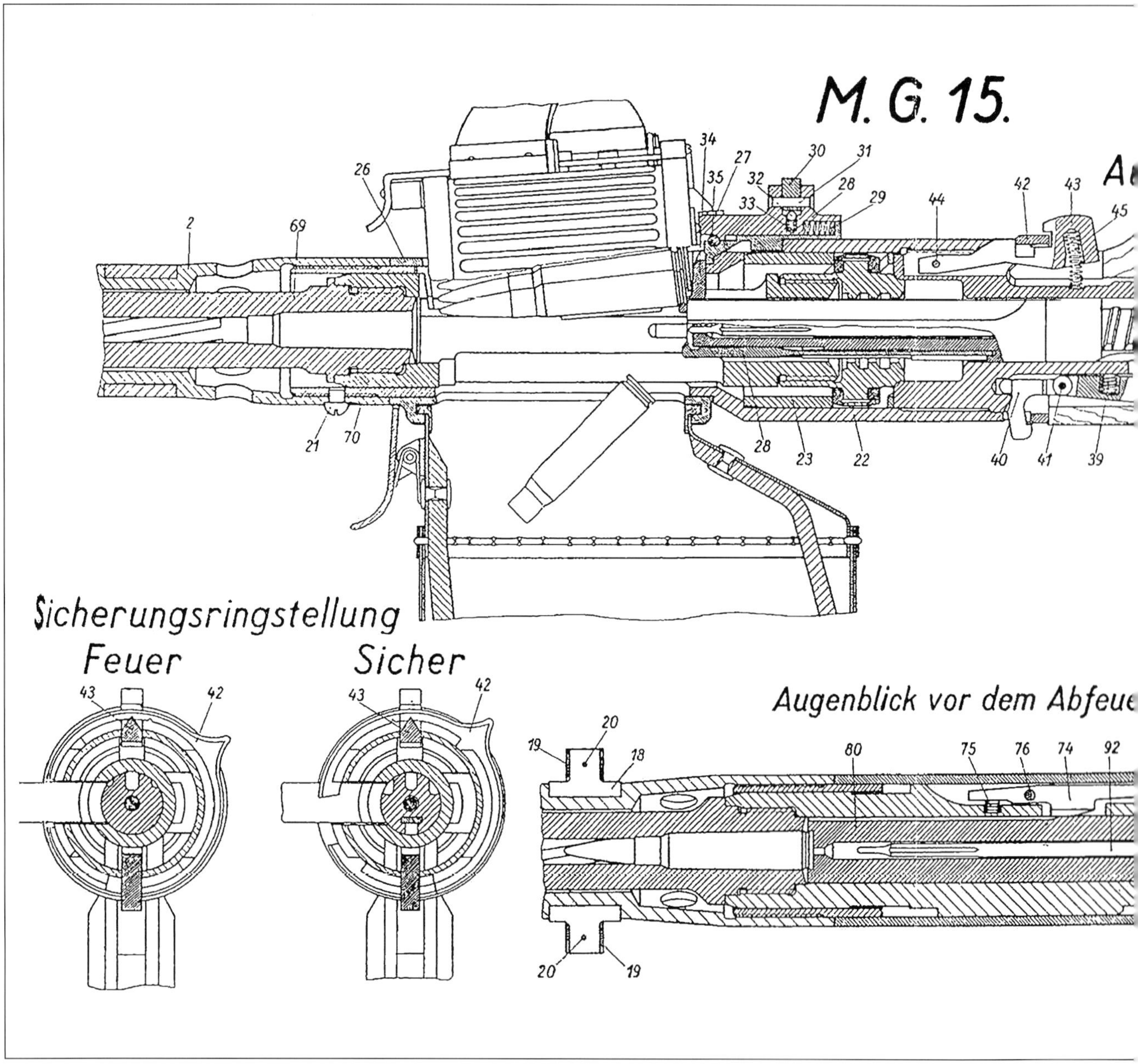

Zeitgenössische schematische Darstellung des Innenlebens eines MG 15.

entstehende Gasdruck zwingt den Verschluss samt dem Lauf nach hinten. Hierbei wiederum unterscheidet man dann zwischen einem kurzen Rücklauf und einem langen Rücklauf, wobei dieser dann weiter zurückläuft, als eine Patrone lang ist. Auch hier sorgt der Mechanismus dafür, dass die Waffe automatisch funktioniert. Der große Nachteil an diesem System besteht in der geringen Feuerrate, denn bei solchen Maschinengewehren muss ein Teil des Gasdrucks an der Mündung aufgefangen werden, um den Rücklauf zu verstärken.

Gasdrucklader

Weitgehend durchgesetzt hat sich daher das System des Gasdruckladers: Rund 40 Prozent der freigesetzten Energie gehen an der Mündung verloren und weitere 30 Prozent in Form von Reibungshitze, sodass nur etwa 20 bis 30 Prozent direkt auf das Projektil wirken können. Beim Gasdrucklader wird über Zylinder und Kolben ein Teil der wirkungslos austretenden Gase abgefangen und auf den Verschluss zurückgeleitet. Dieses Verfahren erhöht die Kadenz und schützt auch vor Ladehemmungen, indem die Gase

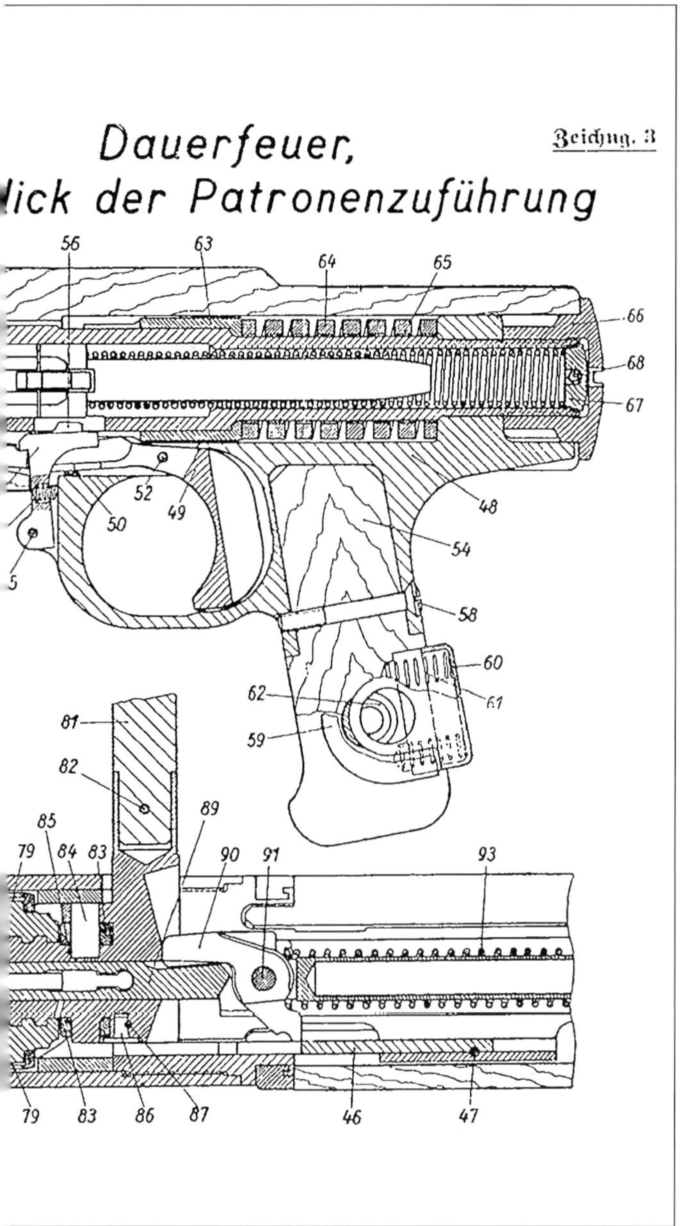

etwa das Eindringen von Schmutz verhindern. Ein Bren funktioniert nach diesem Verfahren.

Die auftretenden Drücke müssen aber zielgerichtet geleitet werden, um nutzbar zu sein, denn beim Schuss treten Kräfte auf, die im Tonnenbereich pro Quadratdezimeter liegen: Ohne entsprechende Maßnahmen würde es die Waffe einfach zerreißen. Es gilt also, eine feste Verriegelung herzustellen, um Waffe und Schütze vor Schaden zu bewahren, und ein Schuss darf sich dann erst lösen, wenn der Verschluss fest verriegelt ist.

In Sachen Verriegelung existieren die unterschiedlichsten Varianten. Bei Maschinengewehren ist der Drehverschluss die Regel, der über Warzen oder Aussparungen fest einrastet. Wobei Ausnahmen die Regel bestätigen, wie etwa beim Vickers-MG.

Die Munitionszuführung

Der nächste große Themenkomplex betrifft die Zuführung der Munition, im Buch finden sich genug Beispiele für unterschiedliche Verfahren. Bei manchen Waffen sitzt ein Kasten- oder Kurvenmagazin oben auf. Andere arbeiten mit Gurten oder Magazinen, die seitlich zuführen. Funktionieren tun beide Auslegungen, Keines ist besser oder schlechter: Hier machen wohl die Philosophie des Herstellers oder die Vorlieben der Entwickler den Unterschied. Das Magazin hat den Vorteil, dass es die Munition schützt. Diese wird durch eine Feder nachgeschoben. Der Nachteil daran: Es muss häufiger nachgeladen werden. Die seitliche Gurtzuführung erlaubt längere Schussserien, erfordert aber, weil die Waffe auch das »Durchziehen« des Gurtes bewerkstelligen muss, zusätzliche Warzen: Mehr Teile, mehr potentielle Störungsquellen.

Natürlich gibt es auch innerhalb der Magazine und Gurtzuführungen verschiedene Ausführungen. Auf deren Vor- und Nachteile, etwa zwischen einem normalen und einem Zerfallgurt, soll aber nicht eingegangen werden. Wohl aber muss noch darauf hingewiesen werden, dass auch noch das Problm des Ausstoßes der leeren Hülse zu lösen war. Heute üblich ist ein Verschlusssystem mit Auszieherkralle, die hinten in die Hülse eingreift und sie aus dem Patronenlager befördert. Der Auswurf erfolgt dann über eine vorstehende Nase oder aber über einen Ausstoßer – natürlich so, dass der Mechanismus einwandfrei funktioniert und die Bedienung nicht gefährdet wird.

Die Hitzeentwicklung als Problem

Eine weitere Schwierigkeit ist die Hitzentwicklung vor allem bei Dauerfeuer. Jeder Schütze kennt das Phänomen, dass bei mehreren Schüssen hintereinander der Lauf sich erhitzt, denn ein Teil der Energie geht in Form von Hitze verloren. Bei längeren Schussfolgen ergibt sich daraus auch ein Aufgehen des Streukreises – es erinnert dabei an die Einsatzerfah-

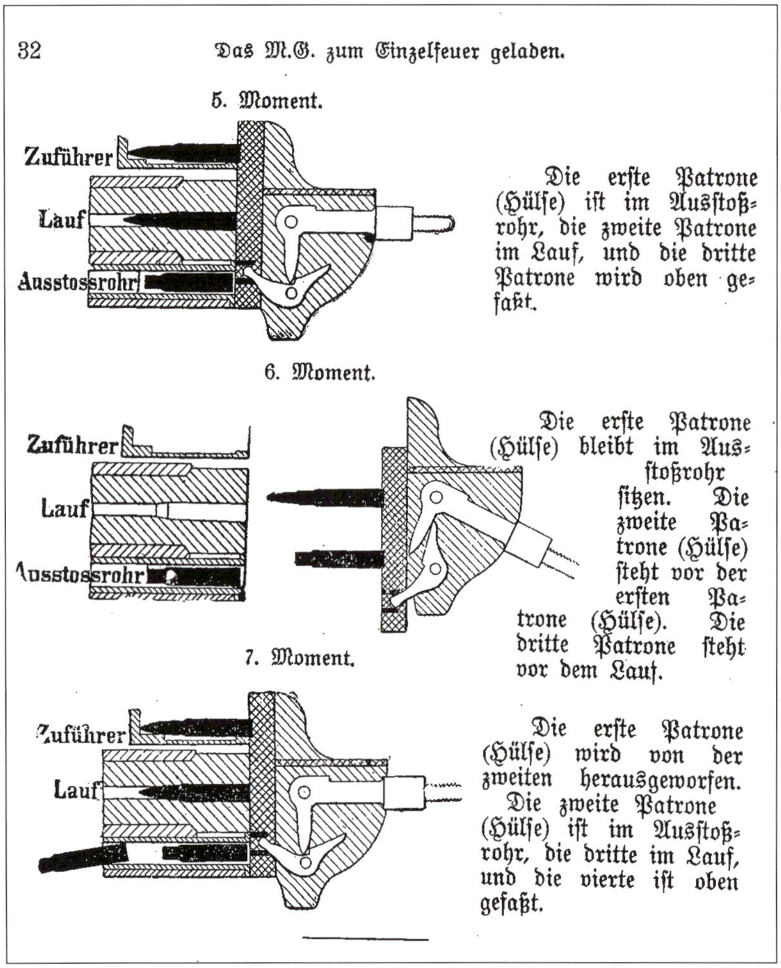

32 Das M.G. zum Einzelfeuer geladen.

5. Moment.

Zuführer
Lauf
Ausstossrohr

Die erſte Patrone (Hülſe) iſt im Ausſtoßrohr, die zweite Patrone im Lauf, und die dritte Patrone wird oben gefaßt.

6. Moment.

Zuführer
Lauf
Ausstossrohr

Die erſte Patrone (Hülſe) bleibt im Ausſtoßrohr ſitzen. Die zweite Patrone (Hülſe) ſteht vor der erſten Patrone (Hülſe). Die dritte Patrone ſteht vor dem Lauf.

7. Moment.

Zuführer
Lauf

Die erſte Patrone (Hülſe) wird von der zweiten herausgeworfen. Die zweite Patrone (Hülſe) iſt im Ausſtoßrohr, die dritte im Lauf, und die vierte iſt oben gefaßt.

Funktionsdarstellung.

rungen mit dem G36 im Dauerfeuerbetrieb (wobei es sich beim G36 ja nicht um ein Maschinengewehr handelt). Doch die dort auftretenden Probleme kennt man auch beim MG, und je höher die Kadenz, desto größer die thermische Belastung. Die Lösung: verschiedene Arten der Kühlung. Eine Methode besteht in der Wasserkühlung, wie man sie etwa von russischen MGs kennt. Dabei wird der Lauf von einem Mantel umgeben, der mit Wasser gefüllt ist. Bei längerem Feuer erweist es sich aber als Nachteil, denn die Flüssigkeit erhitzt sich natürlich auch und dehnt sich aus.

Eine Alternative dazu bestand in der Luftkühlung. Hier war es aber nötig, nach ein paar Hundert Schuss den Lauf zu wechseln. Viele Waffen – wie sie auch in diesem Buch zu finden sind – arbeiten mit Laufrippen, die die Kühlung unterstützen sollen. Diese eignen sich aber eher für die Montage auf offenen Fahrzeugen, wo der Fahrtwind die Kühlung übernimmt.

Im infanteristischen Einsatz sammelten sich Dreck und Unrat in den Rippen und verbrannten dort einfach, was sich als kontraproduktiv erwies.

Moderne MGs arbeiten heutzutage mit modernen Legierungen und besonderen Stahlsorten – diese standen aber zur Zeit des Zweiten Weltkrieges nicht zur Verfügung.

Zum besseren Verständnis: lMG oder sMG?

Bei der Unterscheidung von lMG, sMG und mittlerem MG gibt es einige Feinheiten zu beachten, denn hier gibt es Unterschiede zwischen dem deutschen und dem angelsächsischen Sprachgebrauch.

Bei den deutschen Maschinengewehren gab es nur die Unterscheidung zwischen lMG, also leichtem MG, und dem sMG, also schwerem Maschinengewehr, wobei der einzige Unterschied in der Tatsache bestand, dass ein sMG lafettiert war. So galt etwa ein MG 34 als Infanteriewaffe ohne Lafette als leichtes MG, mit Lafette aber als schweres MG.

Im englischen Sprachgebrauch gibt es leichte, mittlere und schwere MGs, wobei diejenigen als schwer angesehen werden, deren Kaliber größer als das Gewehrkaliber ist. Da wir uns aber im deutschen Sprachrahmen bewegen, verwenden wir die Bezeichnungen lMG und sMG.

Übungsschießen mit lafettiertem 08/15.

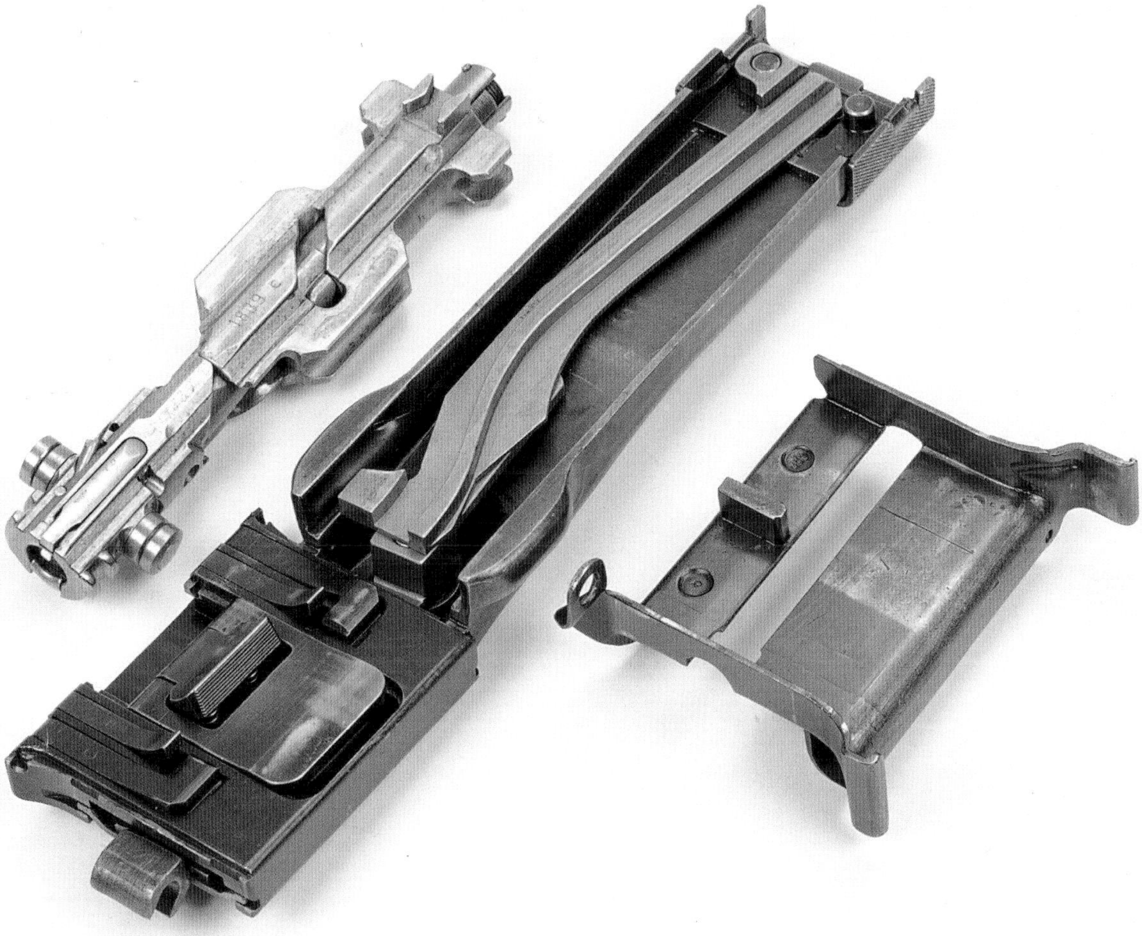

Drehkopfverschluss eines MG 34.

Japanische Soldaten mit dem MG 92 im Einsatz.

Verschiedene MGs in unterschiedlichen Situation: oben ein Maxim-MG im Graben, oben rechts ein Hotchkiss MG im Ersten Weltkrieg und rechts unten ein Kind am MG 34 beim »Tag der Wehrmacht«.

Kapitel 4

Internationale MG-Modelle

Deutschland

MG 13

Nach dem Ersten Weltkrieg galten strenge Standards für die Bewaffnung der Reichswehr (u.a. keine Panzer oder Flugzeuge), auch was die Entwicklung von neuen MGs anging. Dennoch blieb die Zeit natürlich nicht stehen, gerade was den Bereich der Maschinengewehre anging. Das MG 08 und das MG 08/15 waren den neueren Konstruktionen weit unterlegen, folglich musste ein neues Produkt her. Bis es aber zu

Das MG 13 war ein Zwischenschritt auf dem Weg zu späteren deutschen MGs.

den bekannten MG 34 und MG 42 kam, waren einige Zwischenschritte nötig. Einer davon war das MG 13, das alle positiven Eigenschaften eines leichten und eines schweren Maschinengewehrs in einer einzigen Waffe vereinigen sollte. Das Modell entstand unter der Leitung von Louis Stange aus einem älteren Dreyse-Entwurf (manche Quellen sehen dies anders) und wies einige Neuerungen im Vergleich zu den deutschen Massenmodellen im Ersten Weltkrieg auf. Es handelte sich beim MG 13 um einen luftgekühlten Gasdrucklader. Es wog keine 13 Kilogramm und konnte von nur noch einem einzigen Schützen bedient werden. Der Lauf hatte einen perforierten Mantel, die Munitionszufuhr erfolgte zunächst nicht per Gurt, sondern über ein seitlich einrastendes Kastenmagazin mit 25 Schuss, dann per Munitionstrommel in Doppelausführung oder eine Satteltrommel. Um die Schussgenauigkeit zu erhöhen, war das MG 13 auch mit einem Zweibein ausgerüstet, das entweder am Laufende oder aber am Gehäuse angelenkt war. Der Laufwechsel gestaltete sich schwierig und kompliziert, da er durch das Gehäuse stattfinden musste. Weiteres Merkmal: der Doppelabzug. Druck auf die obere Hälfte bedeutete Einzelfeuer, auf die untere wiederum Dauerfeuer.

Interessant ist zudem der Fakt, dass alle MG 13 in Sömmerda entstanden, denn obwohl andere Firmen die Waffe als eigenes Produkt anpriesen, bezogen sie doch allesamt ihre Ware aus der Rheinischen Metallwaren- und Maschinenfabrik, Sömmerda. Im Jahr 1932 führte die Reichswehr die Waffe offiziell als Standard-MG ein. Es blieb in dieser Funktion bis ins Jahr 1936, als dann das MG 34 an seine Stelle trat. Große Kontingente des MG 13 gingen danach an befreundete Staaten wie Portugal oder nach Spanien zu Franco. Einige Waffen blieben aber auch noch in den Arsenalen der nunmehrigen Wehrmacht, die die MGs zur Ausbildung und stellenweise auch noch an der Front bei nachrangigen Einheiten einsetzte.

Technische Daten:	
Hersteller:	Rheinische Metallwaren- und Maschinenfabrik, Sömmerda
Ausführung:	leichtes Maschinengewehr
Produktionszeit:	1930 bis 1935
Kaliber:	7,92 mm
Länge:	1341 mm
Lauflänge:	720 mm
Gewicht:	11,43 kg
Feuerrate:	550 Schuss/min
Effektive Reichweite:	1000 m (800 bis 1000 m Luftziele)

Übungsschießen der Reichswehr

Blick auf eine Fertigungsmaschine.

Im Einsatz als Fla-MG.

MG 13 bei einer Grabenbesatzung.

Munitionsfertigung.

Frauen in der Fabrik.

Deutschland
MG 15

Vorführung des MG 15 am Boden.

Nach dem Ersten Weltkrieg verboten die Siegermächte dem Deutschen Reich die Konstruktion von neuen MGs. Dieses Verbot umging man einfach, in dem man sich bei ausländischen Unternehmen einkaufte oder über Strohmänner Niederlassungen im Ausland gründete. Diesen Ausweg suchte Rheinmetall und gründete im Schweizerischen Solothurn einen solchen Standort. Dort entstand zunächst eine Maschinenpistole, die aber auch als MG Verwendung finden konnte. Von Louis Stange kam dann ein Entwurf, der auf den Namen »Söda« oder »Rh29« hörte. In beiden Fällen handelte es sich um ein leichtes Maschinengewehr. Die nächste Evolutionsstufe hieß dann »S2-200«, und von dieser wiederum leitete sich das MG 15 ab. Zuerst für den Einsatz in Flugzeugen entwickelt, kam es später aber auch bei der Infanterie zum Zuge. Hier sorgte ein Rückstoßverstärker an der Mündung für eine höhere Kadenz. Es war das erste Standard-MG der neuen Luftwaffe, bis es durch das MG 17 bzw. das MG 131 ersetzt wurde. Speziell dafür entwickelt, hatte es zur Munitionszuführung eine Doppeltrommel mit je 75 Schuss, wobei beide Trommeln abwechselnd zum Einsatz kamen. Dies sorgte dafür, dass das Gewicht sich gleichmäßig verteilte. In den engen Flugzeugzellen erwiesen sich die Munitionstrommeln aber als zu sperrig und unhandlich, zumal das Nachladen auch umständlich war. Diese Nachteile waren auch der Grund, warum das MG 15 alsbald aus den Maschinen der Luftwaffe verschwand und an die Bodentruppen abgegeben wurde beziehungsweise in die Depots wanderte. Der katastrophale Kriegsverlauf und die hohen Verluste an Mensch und Material führten aber dazu, dass 1943 die ausgemusterten Maschinengewehre in großen Stückzahlen an die Infanterie ausgegeben wurden. Vor allem den hastig aufgestellten Luftwaffen-Felddi-

Bild oben: Anweisungen für das genaue Schießen.

Bild unten: Das MG 15 war das erste Standard-MG der Luftwaffe.

Erklärungen während der MG-Vorführung.

visionen teilte man das MG 15 zu – schließlich kannten sich viele vom fliegenden Personal oder die entsprechenden Warte damit aus. Ansonsten nutzten in erster Linie Wacheinheiten, Ausbildungsverbände oder Besatzungstruppen dieses Maschinengewehr. Ab Ende 1944 bekam auch der Volkssturm diese Waffe ausgehändigt. Heute finden sich noch einige Stücke in Museen.

Technische Daten:	
Hersteller:	Rheinmetall
Ausführung:	leichtes Maschinengewehr
Produktionszeit:	k.A.
Kaliber:	7,92 mm
Länge:	1334 mm
Lauflänge:	595 mm
Gewicht:	12,7 kg
Feuerrate:	850 Schuss/min
Effektive Reichweite:	über 1000 m

Im Einsatz als Fla-MG am Boden.

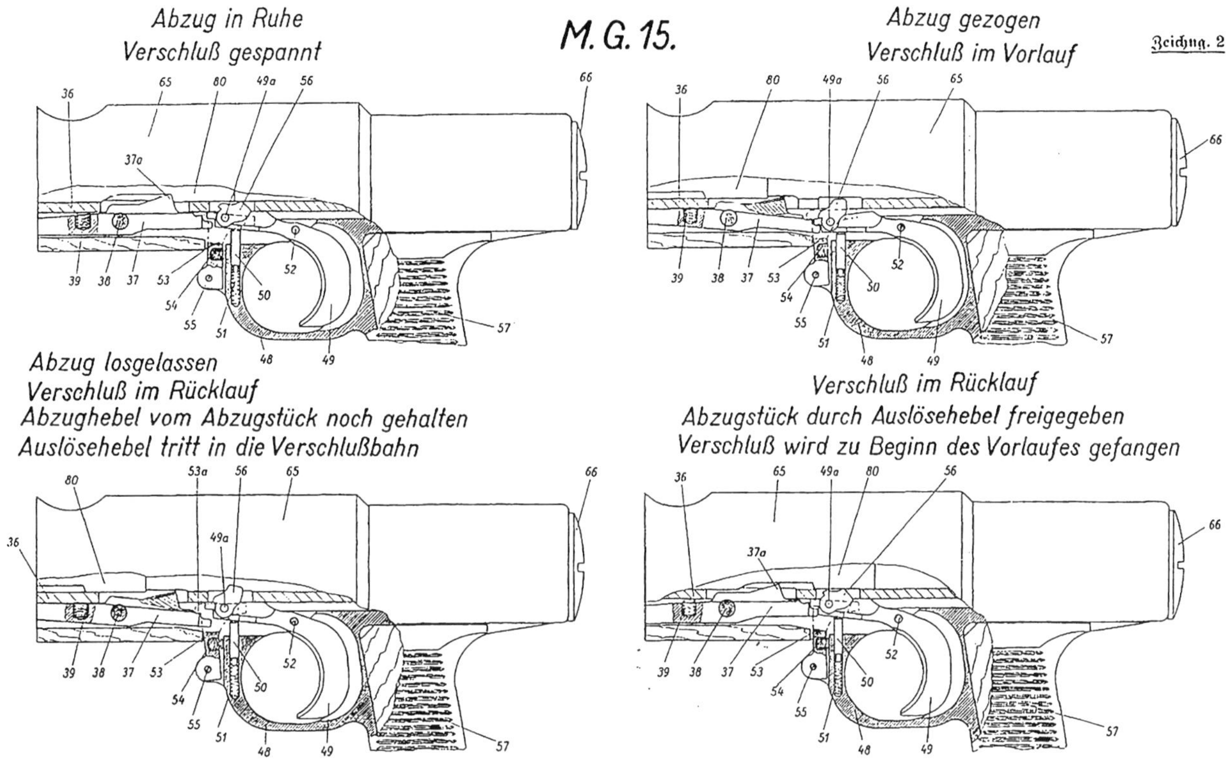

— 15 —

V. Aufbewahrungskasten 15.

Der Aufbewahrungskasten 15 findet gleichfalls als Versandkasten Verwendung.

Aufbewahrungskasten 15, geöffnet

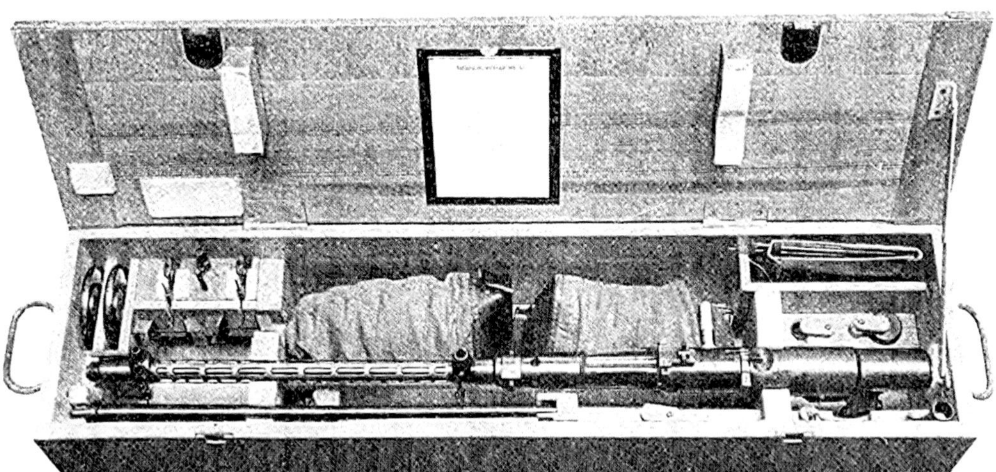

Abb. 6

Deutschland
MG 17 und Knorr-Bremse

Das MG 17 ähnelte dem MG 15 sehr – und das nicht nur, weil es ebenfalls für die Luftwaffe vorgesehen war. Für den starren Einbau gedacht, gab es hier eine Munitionszuführung mittels Gurt, außerdem bestand hier die Möglichkeit der Synchronisation. Der Verschluss wurde wie üblich durch den Abzug freigegeben, doch die Auslösung des Schlagbolzens erfolgte erst über einen Impuls, der über Nocken und Stößelstangen vom Flugzeugtriebwerk aus kam, das sollte verhindern, dass der Rotor beschädigt wurde. Die theoretische Kadenz lag zudem höher als beim MG 15 – mehr als 1100 Schuss/min, doch das war nicht

Das MG 17 war für eine Munitionszuführung mittels Gurt ausgelegt.

Die MG-Herstellung war ein zeitaufwendiger und teurer Prozess. Beim MG Knorr-Bremse (oben und links) versuchte man so günstig wie möglich zu produzieren. Aus Mangel an Alternativen setzte man die Waffe dennoch ein.

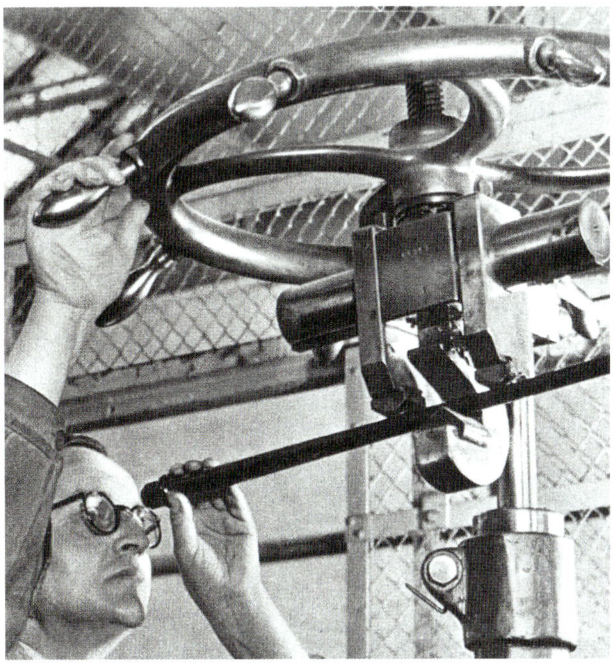

die Regel. Das Abfeuern erfolgte elektrisch. Stellenweise bündelte man mehrere MG 17 zu Zwillings- oder Vierlingsgeschützen, die mit ihrer hohen Kadenz eine verheerende Wirkung erzielen konnten. Allerdings dachte man auch schon daran, diese Waffe für den Erdeinsatz zu präparieren. Dementsprechend gab es bald die ersten Versuche, dieses Maschinengewehr entsprechend seiner Möglichkeiten in den Bodenkampf zu schicken. Auch hier gab es in der Folge Konstruktionen, wie auf Karren montierte Ausführungen, die den Einsatz dieser Waffe als Fla-MG belegen. Vor allem zum Ende des Krieges wurde dieses MG auch für die Ausrüstung von Erdkampfeinheiten freigegeben.

Technische Daten: MG 17	
Hersteller:	Rheinmetall-Borsig
Ausführung:	schweres Maschinengewehr
Produktionszeit:	1934 bis 1944
Kaliber:	7,92 mm
Länge:	1213 mm
Lauflänge:	600 mm
Gewicht:	12,55 kg
Feuerrate:	1200 Schuss/min
Effektive Reichweite:	k.A.

Das MG 17 war der Nachfolger des MG 15.

Anfang der 1930er Jahre entstand eine wenig bekannte MG-Konstruktion mit dem eigentümlichen Namen »Knorr-Bremse«. Dabei handelt es sich um eine Waffe, die aus einem schwedischen MG entstand (6,5 mm LH 33) und von dem deutschen Ingenieur Hans Lauf entwickelt wurde. Im Jahr 1935 übernahm der Berliner Bremsenhersteller Knorr-Bremse AG die Rechte und baute in der Folge von 1935 bis 1940 dieses Maschinengewehr mit einer Munitionszuführung in Form eines 20-Schuss-Stangenmagazins, welches von links an die Waffe kam. Der Gasdrucklader mit Kippblockverschluss konnte sich jedoch nicht durchsetzen. Das deutsche Heer lehnte die Konstruktion rundweg ab, lediglich die Waffen-SS beschaffte einige Modelle, um ihre eigenen Verbände auszurüsten oder die Soldaten am Maschinengewehr auszubilden. Ab dem Jahr 1943 übergab man die Mehrzahl der Knorr-Bremse Modell 35 Maschinengewehre an die ausländischen Freiwilligen-Verbände der Waffen-SS, die in dieser Zeit aufgestellt wurden. Dass man gerade diese Truppen mit einer solchen Waffe ausstattete, war durchaus bezeichnend, den eigenen, »reichsdeutschen« Einheiten wollte man so ein MG wohl nicht zumuten: Denn dass bei dem MG der Bremsen-Spezialisten die Qualität beziehungsweise die Konstruktion Anlass zu Beschwerden gab, war den übergeordneten Stellen durchaus bekannt. Ein großer Schwachpunkt war der Sicherungsriegel, der bei falscher Bedienung den Verschluss in der Laderast hielt, ohne dass der Abzugsstollen einrastete. Ließ der Schütze nun den Sicherungsriegel los, feuerte das Knorr-Bremse-MG einen Schuss ab. Das konnte im Gefecht wiederum dazu führen, dass die eigene Stellung zu früh erkannt wurde. Letztlich gehörte diese Fehlkonstruktion zu den weniger bekannten Waffen; dass sie dennoch gebaut und eingesetzt wurde, lag wohl in der Tatsache begründet, dass die Waffe günstig herzustellen war und außerdem im Zweiten Weltkrieg mit seinen immensen Verlusten die Deutschen praktisch jede Waffe nutzten. Nicht mehr als eine Randerscheinung, und dennoch ein Stück MG-Geschichte.

Auf Feinheiten achtete man beim MG Knorr-Bremse weniger.

Technische Daten: Knorr-Bremse	
Hersteller:	Knorr-Bremse AG, Berlin
Ausführung:	leichtes Maschinengewehr
Produktionszeit:	1935 bis 1940
Kaliber:	7,92 mm
Länge:	1308 mm
Lauflänge:	691 mm
Gewicht:	10,0 kg
Feuerrate:	490 Schuss/min
Effektive Reichweite:	k. A.

Deutschland
MG 34

Das deutsche MG 34 gehört zu den bekanntesten Maschinengewehren des Zweiten Weltkriegs. Seinen Bekanntheitsgrad verdankt es gleichermaßen seiner Vielseitigkeit wie auch den gewaltigen Stückzahlen, in denen es gebaut wurde: Bis zum Kriegsende verließen etwa 450.000 Stück die Fabrikhallen der fünf an der Produktion beteiligten Hersteller, was diese Waffe zum gleichzeitig meistgebauten deutschen Maschinengewehr des Zweiten Weltkrieges macht. Interessanterweise endete die Karriere dieses MGs nicht mit dem Kriegsende, denn in der Tschechoslowakei, namentlich in Brünn, liefen die Produktionsbänder für diese Waffe noch bis ins Jahr 1953 weiter.

Ganz unumstritten war es dennoch nie, denn dieser Meilenstein der Waffentechnik war zwar von hervorragender Qualität, aber letztlich viel zu aufwendig konstruiert und produziert, um in den notwendigen Stückzahlen gebaut zu werden, und zu kompliziert für den Einsatz im Feld.

Am Anfang der MG-34-Geschichte steht Louis Stange, der später auch das Fallschirmjägergewehr 42 entwickeln sollte. Die Entwicklung begann zu dem

Das MG 34 entwickelte Louis Stange für die Deutsche Armee.

Das MG 34 offenbarte im Einsatz in Russland Mängel, die es beim nächsten Modell zu beheben galt.

Auch die deutschen Fallschirmjäger nutzten das MG 34.
Bild rechts: Ein lafettiertes MG 34 in Stellung.

Zeitpunkt, als die Reichswehr im Hinblick auf die neu aufzustellende Wehrmacht mit der Einführung des MG 13 begann. Diese Waffe stellte die Weiterentwicklung einer Waffe aus dem Ersten Weltkrieg dar und war für ein Maschinengewehr der frühen 1930er Jahre schon nicht mehr auf der Höhe der Zeit. Daher wurde bereits der Auftrag zur Entwicklung einer Folge-Generation vergeben. An der Ausschreibung beteiligten sich die Firmen Rheinmetall, Mauser und Simson. Die Reichswehr forderte ein Universal-MG, das sowohl als leichtes als auch als schweres (= lafettiertes) MG eingesetzt werden konnte. Damit war von vornherein klar, dass ein leichtes Maschinengewehr die Basis bilden musste, das dann mittels Lafette in ein schweres verwandelt werden konnte. Allerdings stellte das Heer noch weit mehr Anforderungen an das neue Gerät. Was das (spätere) Waffenprüfamt nun tatsächlich in jedem einzelnen Punkt forderte, ist aufgrund der Kriegsfolgen nicht mehr in allen Einzelheiten nachzuvollziehen. Auf alle Fälle aber standen im damaligen Pflichtenheft die Punkt »geringes Gewicht« und »Luftkühlung«. Weitere Forderungen waren ein schneller Laufwechsel, die Munitionszu-

Ein Landser mit dem MG 34 in seiner Stellung.

führung über einen Metallgurt, Robustheit, die Verwendung auch in Flugzeugen und Fahrzeugen, die halbautomatische und vollautomatische Schussabgabe, eine einfache Zerlegbarkeit und eine horizontal wirkende Rückstoßladung.

Ende 1932 legten die Firmen ihre Stücke zur Begutachtung vor. Nach einer intensiven Prüfung fiel die Wahl auf den Entwurf von Rheinmetall. Die Infanteriewaffen-Abteilung unter Major Dipl. Ing. Ritter von Weber beauftragte den Sieger mit der Weiterentwicklung des eingereichten Entwurfs, am dem noch verschiedene Änderungen durchgeführt wurden. Im Jahr 1934 präsentierte Rheinmetall drei weitere Prototypen, und eines davon, das Modell EMG III, bildete schließlich die Basis für die ersten Vorserienmodelle. 300 Stück des MG 34 wurden gebaut und gingen dann in den Truppenversuch. Nach Auswertung der Erfahrungsberichte ergaben sich noch einige Änderungen nach Forderungen des Militärs, die dann wieder Louis Stange umsetzte. Daraus entstand dann die zweite Vorserie des MG 34, die man intern als »Modell 36« bezeichnete. Auch diese verbesserte Version ging dann in den Truppenversuch, die Erfahrungen daraus wurden umgesetzt und führten schließlich, in der zweiten Hälfte des Jahrs 1936, zu der Waffe, welche dann als »Maschinengewehr 34« bei allen Verbänden eingeführt werden sollte.

Da es aber auch als schweres MG fungieren sollte, griff man auf eine Idee des Hauptmannes Jessen zurück, der für das Madsen-MG eine Lafette schuf, die nicht über ihre Masse dem Impuls der Waffe entgegenwirkte, sondern mit einem gegengleitenden Federmechanismus arbeitete. Auf diese Weise ließ sich Gewicht sparen. Neben der leichten Dreibein-Lafette mit 6,75 kg Gewicht und dem Spitznamen »Heuschrecke« gab es auch eine schwere, die 34 kg wog.

Die offizielle Einführung des Einheitsmaschinengewehrs 34 erfolgte am 24. Januar 1939. Es verfügte über ein Zweibein, konnte über Trommeln (Gurt- oder Patronentrommel, Stahlgurt oder Endlosgurt)

Auch als Fla-MG, wie hier auf einem Karren, kam das MG 34 zum Einsatz.

Als Fla-MG an der Ostfront.

Als lMG mit Trommeln im russischen Winter.

gespeist werden und von einem Schützen allein bedient werden. Es ließ sich auf die Lafette 34 montieren und mit einer Zieloptik ausstatten.

Alle drei Teilstreitkräfte der Wehrmacht nutzten die neue Waffe, sowohl eingebaut in Fahrzeugen als auch stationär. Darüber hinaus gab es noch weitere Varianten, so das MG 34P für den Einsatz in Fahrzeugblenden (glatter Mantel und Klappkorn), oder auch eine 10 Zentimeter kürzere Version, das MG 34S, mit dem eine höhere Kadenz erreicht werden sollte. Das ging aber auf Kosten von Zuverlässigkeit und Lebensdauer.

Da im Krieg die Entwicklung eben aber nicht stehenbleibt, tüftelte man eben weiter an der Waffe herum, bis verschiedene Modell entstanden. Dennoch waren die Prinzipien gleich: Beim MG 34 handelt es sich um einen luftgekühlten Rückstoßlader mit einem Gewicht von knapp zwölf Kilogramm. Es verschießt Munition im Kaliber 7,92 Millimeter, die Lauflänge beträgt 627 Millimeter bei einer Gesamtlänge von

Die Waffe verlangte eine intensive Pflege und eine entsprechende Einweisung, wie hier zu sehen.

1219 Millimetern. Bemerkenswert war zudem, dass es als erstes Einheits-Maschinengewehr die Möglichkeit der Feuerwahl im Abzug hatte, also der Schütze je nach Art wie er den Abzug betätigte, Einzel- oder Dauerfeuer schießen konnte. Aus insgesamt sechs Baugruppen bestand ein solches Maschinengewehr, das aber auch Schwächen aufwies. An der endgültigen Serienwaffe fehlten etwa Kadenzverstellung und auch die Munitionszuführung erlebte eine Überarbeitung – alles Punkte, die eben bei den Vorgängerversionen negativ aufgefallen waren.

Die kleinteilige Technik und geringen Toleranzen sollten sich im Einsatz negativ bemerkbar machen. Vor allem im Russlandfeldzug ab 1941 zeigte sich, dass die Waffe gegen Schmutz und vor allem Frost nicht gefeit war. So versagten viele MG 34 im Osten ihren Dienst. Erschwerend kam hinzu, dass es einer intensiven Ausbildung bedurfte, um die Waffe sicher zu beherrschen, und auch die Waffenmeister benötigten entsprechende Kenntnisse, um sich des Maschinengewehrs anzunehmen. Das alles machte das MG 34 – trotz all seiner Vorzüge – immens teuer. So kam es eben bald zur Einführung des günstigeren und robusteren MG 42. Das bedeutete aber nicht das Ende für das MG 34. Im Jahr 1942 begann die erste Vorserienfertigung des MG 42, im Jahr darauf lief die Serie an, doch die Produktion des Vorgängers lief ununterbrochen weiter. Und auch nach Kriegsende zeigten sich viele Nationen interessiert an der Waffe. In Israel (eingesetzt etwa 1948, 1957 oder auch im 6-Tage-Krieg 1967), der damaligen Tschechoslowakei und auch in Norwegen fanden sich die alten MG 34 unter anderem im Einsatz wieder, auch an anderen Stellen des aufkeimenden »Kalten Krieges«, wobei das MG 34 von Louis Stange eben auch das 1000jährige Reich überlebte und sich auch noch heute großer Beliebtheit erfreut.

Technische Daten:	
Hersteller:	Mauser, Rheinmetall u.a.
Ausführung:	leichtes Maschinengewehr
Produktionszeit:	1933 bis 1953
Kaliber:	7,92 mm
Länge:	1219 mm
Lauflänge:	627 mm
Gewicht:	11,5 kg
Feuerrate:	800 bis 900 Schuss/min
Effektive Reichweite:	1220 m (als sMG bis 3500 m)

Deutschland
MG 42

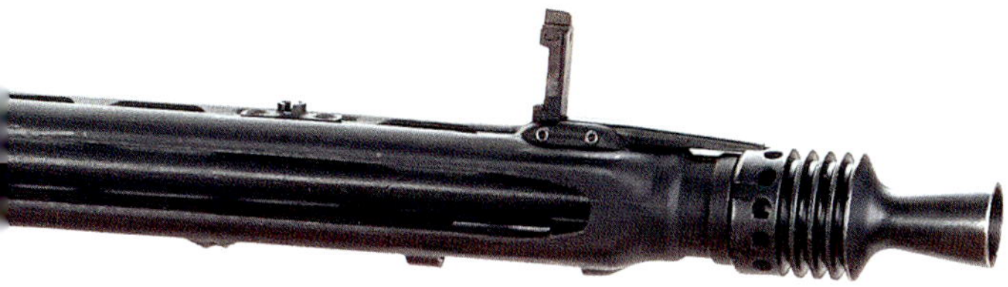

Das MG 34, obwohl technisch gesehen eine exquisite Waffe, offenbarte im Einsatz doch auch Schwächen – zudem war die Ausbildung an der Waffe zeitintensiv und die Produktion kostspielig. Eine Alternative musste her, die günstiger, nicht so anfällig und vor allem in weit größeren Stückzahlen zu produzieren war als das MG 34. Blechprägung entwickelte sich zum Zauberwort, so dass schon das MG 34 einige Teile, die in diesem Verfahren hergestellt wurden, besaß. Schon vor dem Kriegsausbruch in Europa war die Wehrmacht auf der Suche nach einem Nachfolger für das MG 34 und verstärkte die Suche, nachdem immer mehr Klagen aus der Truppe kamen. Verschiedene Firmen gaben ihre Modelle ab.

Das Rennen machte aber dann ein Entwurf, mit dem wohl niemand gerechnet hatte, zumal auch das Unternehmen wohl nicht mit Waffen in Verbindung zu bringen war. Der Sieger stammte von der Großfuß Metall- und Lackierwarenfabrik. Ihr Modell wies ein zweiteiliges Gehäuse aus gestanzten Blechhälften auf. Darüberhinaus hatte es auch noch einen völlig neuartigen Verschluss – einen Stützrollenverschluss. Diese Rollenverriegelung erwies sich als unempfindlich gegen Schmutz und Staub, und das Maschinengewehr ließ sich selbst bei mangelnder Pflege noch abfeuern.

Der Mann dahinter war Dipl. Ing. Werner Gruner (in manchen Quellen auch Grunow genannt), der für sich eine absolute Kapazität auf dem Gebiet des Metallstanzens und -pressens war. Da er aber über keinerlei waffentechnisches Wissen verfügte, darf bezweifelt werden, dass er sich ebenfalls den neuen Verschluss ausdachte. Wer im Endeffekt die Idee zum Rollenverschluss hatte, ist bis heute nicht genau geklärt. In der Literatur finden sich Hinweise auf ein Patent von Eduard Stecke aus Warschau. Dahinter steht das Prinzip, dass der Verschlusskopf zwei Rollen hat. Bewegt sich der Kopf nach vorne, drücken sich die Rollen aus ihm heraus, sobald eben der Kopf auf Höhe der Laufverlängerung ist. Zwar befinden sich die Rollen noch im Verschlusskopf, doch die seitwärts heraustretenden Zapfen greifen in Nuten in der hinteren Laufverlängerung. Bevor die Rollen nicht heraus sind, schlägt der Schlagbolzen nicht nach vorne. Nach der Schussabgabe laufen Verschluss und Lauf wieder zurück (um etwa fünf Millimeter), wobei die Rollen gegen eine Warze stoßen, die sie wieder zu-

Auch als Bordwaffe wie hier auf einem Schützenpanzer kam das MG 42 zum Einsatz.

rückdrücken, der Verschluss geht so weiter zurück (bei der Trennung vom Lauf) und alles beginnt wieder von vorne, wenn der Schütze den Abzug weiter drückt.

Dieses Prinzip gab es bislang bei Maschinengewehren noch nicht. Was die Munitionszuführung anging, so griff man auf Altbewährtes zurück. Klauen erfassen beim Hin und Her des Verschlusses den Gurt und ziehen ihn durch. Andere Nationen adaptierten dieses Verfahren ebenfalls. Das MG 42 ließ sich nur automatisch schießen, hatte aber einen Unterbrecher. Die Laufwechselmöglichkeit war gegeben, diese Aktion ließ sich auch schnell durchführen. Auf alle Fälle begannen schon Ende 1941 großangelegte Truppenversuche mit der Waffe, die ein positives Bild des neuen Maschinengewehrs zeichneten.

Der erste reguläre Einsatz erfolgte dann im folgenden Jahr auf dem afrikanischen Kriegsschauplatz. Erbeutete Waffen gingen noch während des Krieges in die USA zu Testzwecken. Man war dort von der deutschen Erfindung derart angetan, dass man ein eigenes Modell konstruierte, das im Juni 1943 schussbereit war. Doch das amerikanische MG 42 versagte genauso wie ein Folgemodell im Jahr 1944. Die Konstrukteure hatten zu viele Fehler gemacht bei ihrem Versuch, ein eigenes MG 42 zu bauen.

Derweil lief die Produktion auf Hochtouren. Genaue Fertigungszahlen gibt es aufgrund der Zerstörungen bei Kriegsende nicht mehr. Man kann von etwa 400.000 produzierten Maschinengewehren ausgehen, auch wenn andere Quellen größere Zahlen angeben. Für das MG 42, wie auch für das MG 34, gab es eine ganze Reihe von Zubehör, wie etwa ein Deckungszielgerät (verwendbar für beide Typen), womit der Schütze aus der Deckung schießen konnte, ohne sich selbst zu gefährden.

Die Herstellung des MG 42 war im Vergleich einfacher als beim MG 34.

Durch die hohe Kadenz bekam das MG 42 bald viele Spitznamen wie etwa »Hitlersäge«.

In Museen finden sich MG 42 noch in nahezu jeder Waffensammlung.

Das MG 42 gehörte zu den »besten Waffen der besten Waffen des Zweiten Weltkrieges«, wie sich ein Zeitgenosse auszudrücken pflegte. Es hatte eine bis dato unerreichte Kadenz von bis zu 1500 Schuss in der Minute, die Umbewaffnung der Truppe war kein Problem, da sich dieses Maschinengewehr ähnlich bedienen ließ wie das MG 34, es war günstiger in der Herstellung (etwa um ein Viertel), war robuster und weniger störanfällig (dadurch kampffähiger) und sowohl bei Kälte als auch bei Hitze einsetzbar.

Die hohe Kadenz hatte aber natürlich nicht nur Vorteile. Zwar war die Wirkung verheerend, dadurch der Munitionsverbrauch aber auch entsprechend hoch. Zudem war die Lebensdauer eines Laufs auf maximal 4000 Schuss begrenzt (bei entsprechend behandelten Läufen bis zu 8000 Schuss). Nimmt man also einen normalen Lauf als Standard, konnte der Schütze keine drei Minuten Dauerfeuer schießen. Dennoch war es insgesamt eine gute und furchterregende Waffe, deckte es doch bis zu 80 Prozent der Feuerkraft einer nur mit Karabinern ausgestatteten Gruppe ab.

Und auch die Gegner begannen bald diese Waffe zu fürchten, der sie aufgrund der hohen Kadenz verschiedene Spitznamen verliehen wie etwa »Hitlersäge«, »Knochensäge« oder auch »Hitlergeige«. Beim ersten Aufeinandertreffen mit dem

Blechprägteteile in unterschiedlichen Stufen (oben) und weitere Teile des MG 42.

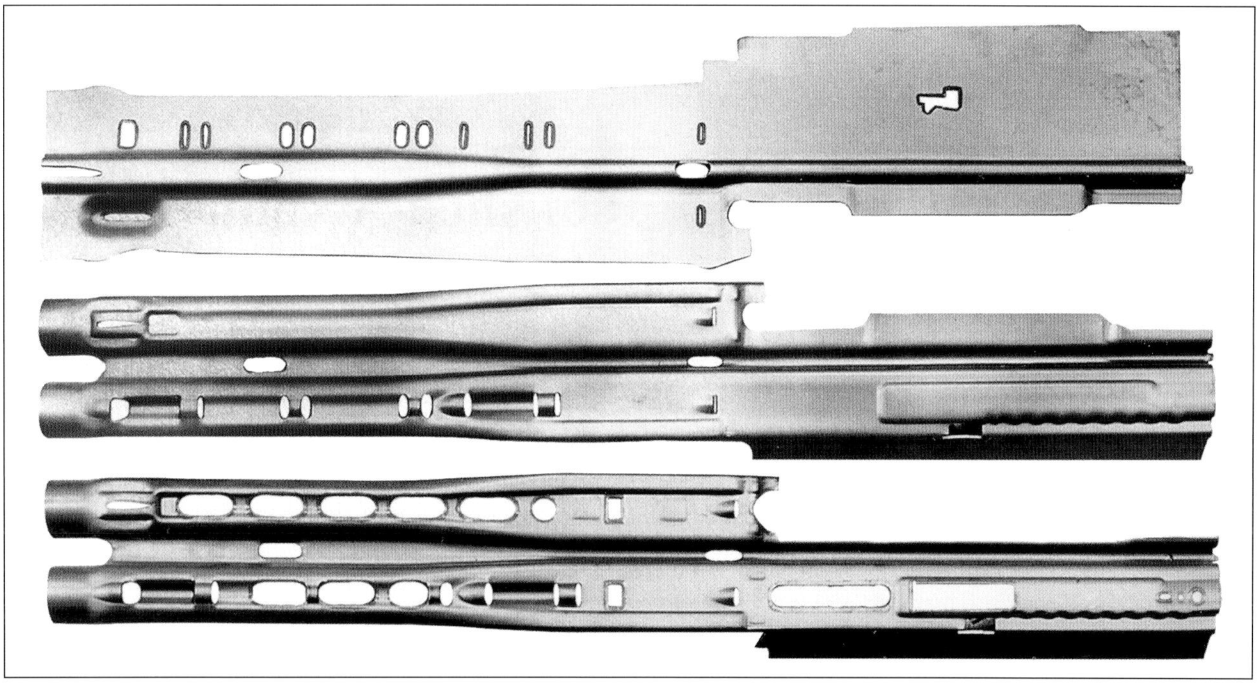

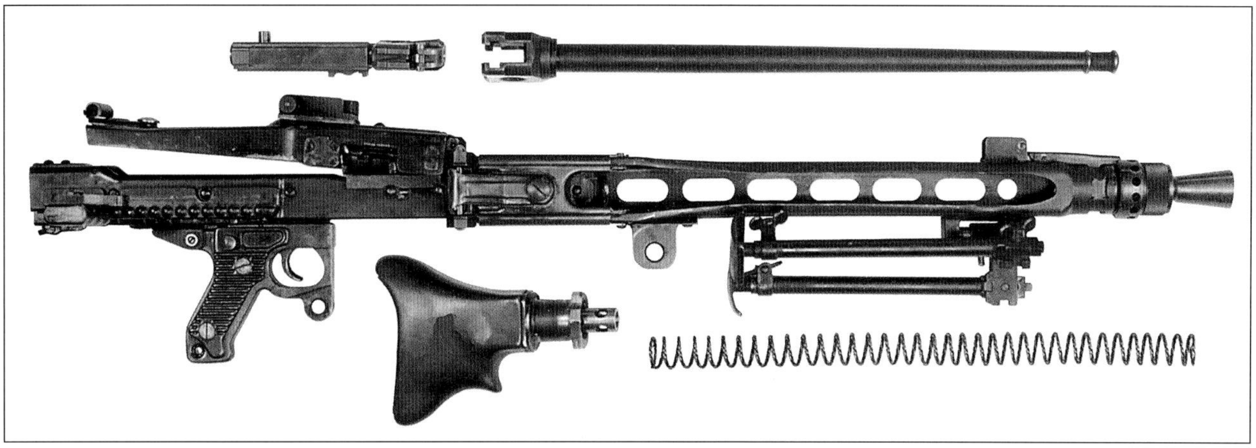

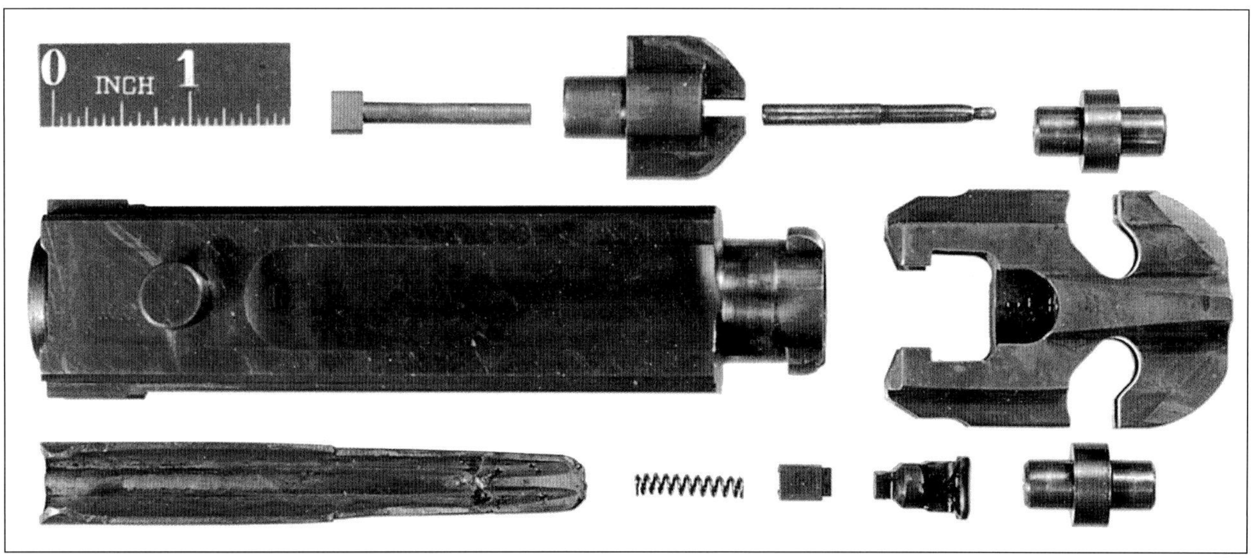

Das MG 42 wirkte gröber als das MG 34, war jedoch günstiger und zuverlässiger.

Gegner dachten viele Alliierte noch, dass in Deutschland Not herrschen musste, weil man eine solche »klapprige Blechwaffe« ins Feld schickte, doch dieser Irrtum klärte sich schnell. Die Sieger über Deutschland waren angetan von der neuen Waffe. Den Amerikanern gelang, wie erwähnt, allerdings keine Eigenkonstruktion.

Aber auch andere Nationen wollten das MG 42 haben. Die erbeuteten MG 34 gingen in den Verkauf, doch die eroberten MG 42 hielt man noch zurück. Die Franzosen gaben als Erste das MG an ihre Soldaten aus. In Jugoslawien begann man mit der Fertigung eines eigenen Ablegers, des Modells 53 oder »Sarac«. Rheinmetall fertigte Zeichnung nach einer erhaltenen Waffe an und fügte ein paar Änderungen hinzu. Es entstanden verschiedene Namen: MG 1, MG 42/59 bis hin zum bekannten MG 3. Dazu muss man noch wissen, dass ein neues Kaliber verwendet wurde (NATO-Standard 7,62 Millimeter) und man nicht mehr die hohen Kadenzen schießen konnte, wie noch mit dem originären MG 42. Aber auch der Nachfolger in Diensten der Bundeswehr erfreute sich großer Beliebtheit und avancierte zum Exportschlager. So baute man dieses Maschinengewehr nicht nur in Deutschland, sondern auch in Italien, im Iran, in Pakistan, in der Türkei oder etwa auch in Spanien.

Technische Daten:	
Hersteller:	Mauser, Steyr u.a.
Ausführung:	leichtes Maschinengewehr
Produktionszeit:	1942 bis 1945
Kaliber:	7,92 mm
Länge:	1230 mm
Lauflänge:	530 mm
Gewicht:	11,6 kg
Feuerrate:	1500 Schuss/min
Effektive Reichweite:	über 3000 m (als sMG)

Das Zweibein sorgte für die nötige Stabilität.

Ein Reenactor-MG 42 in Bovington während des Tankfestes.

Die »Knochensäge« im Detail.

Deutschland
MG 08/15

Ein Modell des MG 08/15 im Panzermuseum Bovington.

Der Erste Weltkrieg entwickelte sich schnell – vor allem auf den Schlachtfeldern Frankreichs – zum berüchtigten Graben- und Stellungskrieg mit all seinen Schrecken. Schuld daran waren nicht zuletzt die Maschinengewehre, die verheerende Lücken in die Reihen der stürmenden Bataillone schlugen. Auf der deutschen Seite kam hier vor allem das MG 08 zum Einsatz. Diese Waffe erwies sich als derart zuverlässig, dass sie noch lange Jahre nach dem verlorenen Ersten Weltkrieg im Dienst blieb, so etwa bei der Wehrmacht zu Ausbildungszwecken. Der letzte Nutzer – man höre und staune – war die KVP, die Kaser-

nierte Volkspolizei, bis diese auf modernere Muster wechselte. Doch in den Gräben zeigte sich alsbald, dass diese Waffe zwar zuverlässig, aber eben auch zu schwer und zu sperrig war. Deshalb konnte man sie auch bei einem eigenen Angriff schlecht mitnehmen. Die dafür gedachten Schlitten erwiesen sich ebenfalls als zu schwerfällig. Zudem brauchte man drei Mann, um das MG bedienen zu können; dadurch war es nicht schnell genug feuerbereit.

Also musste ein neues, besseres und vor allem leichteres Maschinengewehr her. Friedrich von Merkatz war derjenige, der aus dem schweren MG 08 schließlich das leichtere MG 08/15 entwickelte. Bis zum Ende des Krieges sollte von Merkatz noch zum Oberst in der Gewehrprüfungskommission aufsteigen. Das lMG entstand in der Gewehrfabrik Spandau, genauer gesagt in der Königlichen Gewehr- und Munitionsfabrik, Spandau, und trug auch die entsprechende Stempelung. Das führte dazu, dass die Briten diese Waffe als »Spandau« bezeichneten. Diesen Namen behielten auch alle nachfolgenden deutschen Maschinengewehre.

Die neue wassergekühlte Version wies einige Änderungen auf, um sie leichter und vor allem auch transportabler zu machen. So schrumpfte der Wassermantel im Durchmesser um zwei Zentimeter auf 89 Millimeter, womit sein Fassungsvermögen von vier auf drei Liter schrumpfte. Und auch die Dicke der Verschlussgehäusewand verringerte sich um einen Millimeter auf deren drei. Mit Gurtkasten wog die Waffe noch etwa 20 Kilogramm, konnte also von einem einzigen (starken) Schützen bewegt und genutzt werden. Zudem konnte es nun mit nach vorne oder hinten getragen oder auch aus der Bewegung heraus abgefeuert werden. Die Kadenz der Waffe lag bei bis zu 450 Schuss in der Minute, die Zuführung erfolgte über Gewebegurte zu 50, 100 oder 250 Schuss.

Die Waffe bekam eine kleine Gabelstütze, hatte aber dennoch einen größeren Schwenkbereich als auf einem Schlitten oder einem Dreibein. Auch weitere Details unterzog Merkatz einer Überarbeitung. So verfügte die neue Waffe über einen Gewehrkolben, einen konventionellen Abzug und einen Pistolengriff, anstatt der beiden Handgriffe und der Daumenauslösung wie beim Vorgänger. Mehr als 130.000 Stück liefen von den Bändern, dabei die meisten im Werk in Spandau. Zum Ende des Krieges gab es sogar noch ein neues Modell: eine luftgekühlte Waffe mit der Bezeichnung MG 08/18. Es kam allerdings nur in geringen Stückzahlen noch in den Einsatz. Der Standard blieb eben das 08/15.

Das MG 08/15 fand sich bald in vierfacher Form bei den Kompanien des deutschen Kaiserlichen Heeres, das aber erst nach 1915 an die Truppe ausgegeben wurde. Es war einer der Wegbereiter für eine neue Art der Infanterietaktik mit entsprechenden Einheiten: dem Stoßtrupp. Nun konnte eine kleine Gruppe eine beachtliche Feuerkraft mit sich führen. Oder die Soldaten konnten vorrücken, das MG ging in Stellung und deckte das Vorrücken der eigenen Kameraden. Solche Taktiken wurden durch die Einführung von leichten MGs wie dem MG 08/15 möglich.

Und auch nach dem Ende des Ersten Weltkrieges fand sich die Waffe noch in den Beständen der Reichswehr und dann der Wehrmacht wieder. Es stieg sogar zum Einheitsmaschinengewehr der Reichswehr in der Weimarer Republik auf (was seinen Grund aber auch darin hatte, dass den Deutschen die Entwicklung neuer Maschinengewehre durch den Versailler Vertrag untersagt worden war). Hier fand es sich zum Transport manchmal sogar auf dafür gefertigten Handkarren wieder. Und auch als der Krieg in Europa 1939

Ein MG 08 zur Flugabwehr umfunktioniert.

Aus einer Stellung mit dem MG gegen Flieger.

Aufgereihte MG 08/15 zur Besichtigung.

Beute MG 08/15 aus britischen Beständen.

ausbrach, feuerten die Truppen noch mit diesem Veteranen im Kaliber 7,92 Millimeter. Vor allem bei rückwärtigen Einheiten befand sich das MG 08/15 noch im Einsatz, häufig auch als Fla-MG. Zum Ende des Zweiten Weltkrieges kamen viele dieser Waffen dann zum Volkssturm.

Bis heute hat sich der Name dieses Maschinengewehrs im Sprachgebrauch erhalten: 08/15 ist eben der stehende Begriff für den Durchschnitt, das Normale, den Standard. Und alles begann mit der Weiterentwicklung des MG 08 durch Friedrich von Merkatz – den nun wiederum weniger Menschen kennen.

Technische Daten:	
Hersteller:	Königlichen Gewehr- und Munitionsfabrik, Spandau, Deutsche Waffen- und Munitionsfabriken AG, Berlin
Ausführung:	IMG
Produktionszeit:	1915 bis 1918
Kaliber:	7,92 mm
Länge:	1400 mm
Lauflänge:	720 mm
Gewicht:	18 kg
Feuerrate:	450 Schuss/min
Effektive Reichweite:	800 m

Symbolisch walzt ein britischer Mark-Panzer eine deutsche Stellung samt 08/15 nieder.

So sah die Welt mitunter in den Schützengräben des Ersten Weltkrieges aus.

Russland
MG PM 1910

Im Jahr 1887 führte Hiram Maxim seine MG-Entwicklung im Zarenreich ein. Allerdings stellten die Russen zunächst die Waffen nicht selbst her, sondern sie kamen vielmehr aus Großbritannien in das Riesenreich. Erst mit dem Jahr 1905 begann man damit, die ganzen MGs im Land zu fertigen. Ein Ergebnis war das PM 1910, das auf einer Sokolow-Lafette und mit einem Kühlmantel daherkam. Der charakteristische Kühlmantel der Waffe bestand aus Stahl (bei früheren Modellen, etwa dem M 1905, war der Behälter noch aus Bronze, was aber das Gewicht über 30 Kilogramm anhob). Auf diese Weise konnte das Gewicht auf knapp 24 Kilogramm gedrückt werden – ohne Lafette allerdings.

Mit der Sokolow-Lafette lag das Gewicht bei über 45 Kilogramm. Im Winter kam die ganze Gerätschaft

Das russische PM 1910 samt Schild und Lafette.

dann auf einen Schlitten, um mobiler zu sein. Interessant ist bei dieser Waffe, dass sowohl die Soldaten des Zaren im Ersten Weltkrieg als auch die Rotarmisten im Zweiten Weltkrieg dieses MG einsetzten. Mangels Alternativen produzierten die Werkstätten diese Waffe einfach weiter, bis eben genug Nachfolger zur Verfügung standen. Die Stückzahl des PM 1910 ist jedoch beachtlich: 55.258 Stück sollen produziert worden sein – alleine im Jahr 1942. Die Gesamtzahl der hergestellten Waffen belief sich auf über 600.000 Stück.

Auch hierbei handelt es sich um einen Gasdrucklader. Weiter verfügt das PM 1910 über eine starre Verriegelung mit Kniegelenkverschluss und die Munitionszufuhr funktionierte von rechts mittels Textilgurt mit 250 oder 500 Patronen. Als Visier kam ein Stangenvisier zum Einbau. Die Kimme ließ sich seitlich verstellen. Charakteristisch für dieses MG war das Schussgeräusch. Die niedrige Kadenz sorgte dafür, dass sich die Schussfolge wie eine Art Stottern anhörte. Aufgrund der Robustheit und der Zuverlässigkeit blieb das PM 1910 lange Jahre der Standard und auch nach dem Zweiten Weltkrieg noch in der Nutzung. Nachdem die Rote Armee die Waffe ausmusterte, gab sie viele MGs an China und Nordkorea ab, die es wiederum ihrerseits im Koreakrieg benutzten. Die Wehrmacht eroberte zudem Tausende dieser Maschinengewehre auf ihrem Vormarsch. Aus Mangel an eigenen Mitteln, kamen sie als Beutewaffen in die eigenen Bestände und zwar mit der Bezeichnung 7,62 mm sMG 216 (r). Doch kam die Waffe nicht bei den Fronttruppen zum Einsatz, sondern ging an rückwärtige Verbände oder zu den Küstenschutzverbänden. Vereinzelt bekamen auch Hilfstruppen das PM 1910 zugeteilt.

Technische Daten:	
Hersteller:	verschiedene Arsenale
Ausführung:	schweres MG
Produktionszeit:	1910 bis 1945
Kaliber:	7,62 mm
Länge:	1107 mm
Lauflänge:	720 mm
Gewicht:	23,8 kg (ohne Lafette)
Feuerrate:	520 bis 580 Schuss/min
Effektive Reichweite:	1000 m

Maxim-MG im Wintereinsatz.

Russische Soldaten im Kampf.

Erbeutete Maxim-MGs.

Maxim auf aufgebauter Lafette.

Russland
MG DP 1928

Blick auf die Frontpartie. Gut zu erkennen: die Kühlrippen.

Wie sich an dem Kürzel schon erkennen lässt, handelt es sich beim DP 1928 um einen Gasdrucklader vom Konstrukteur Degtjarow (D), der für die Infanterie (P) gedacht war – zugleich war es auch das Standard-lMG der Roten Armee im Zweiten Weltkrieg. Alle MGs des Entwicklers folgten dem Gasdrucklader-prinzip und ähnelten einander, wiesen nur dort Abweichungen auf, wo es um den speziellen Einsatzzweck ging. Dabei waren die Waffen ganz simpel gehalten, so dass kein tiefes technisches Wissen vorhanden sein musste, um die MGs zusammenzubauen. Charakteristisch für dieses Modell dürfte vor allem das federgespannte Trommelmagazin zu 47 Schuss sein, das oben auf der Waffe thronte. Der Laufwechsel gestaltete sich mitunter als schwierig, was auch bei den Nachfolgern nicht behoben werden konnte: Der Mündungsfeuerdämpfer und der Gaszylinderriegel mussten erst abgebaut werden, bevor man den Zylinder abnehmen und die Sicherungsstifte ziehen konnte. Der Verschluss des DP 1928 wird durch die Verlängerung des Gasdruckzylinders gesteuert. Die Verriegelung erfolgt über zwei Verriegelungswarzen.

An dieser Partie lässt sich die einfache Bauweise erkennen.

Blick von unten in das Tellermagazin.

Stempelung am Zweibein des Degtjarow.

Russe mit DG-MG (hinten).

Rotarmisten in der Vorwärtsbewegung.

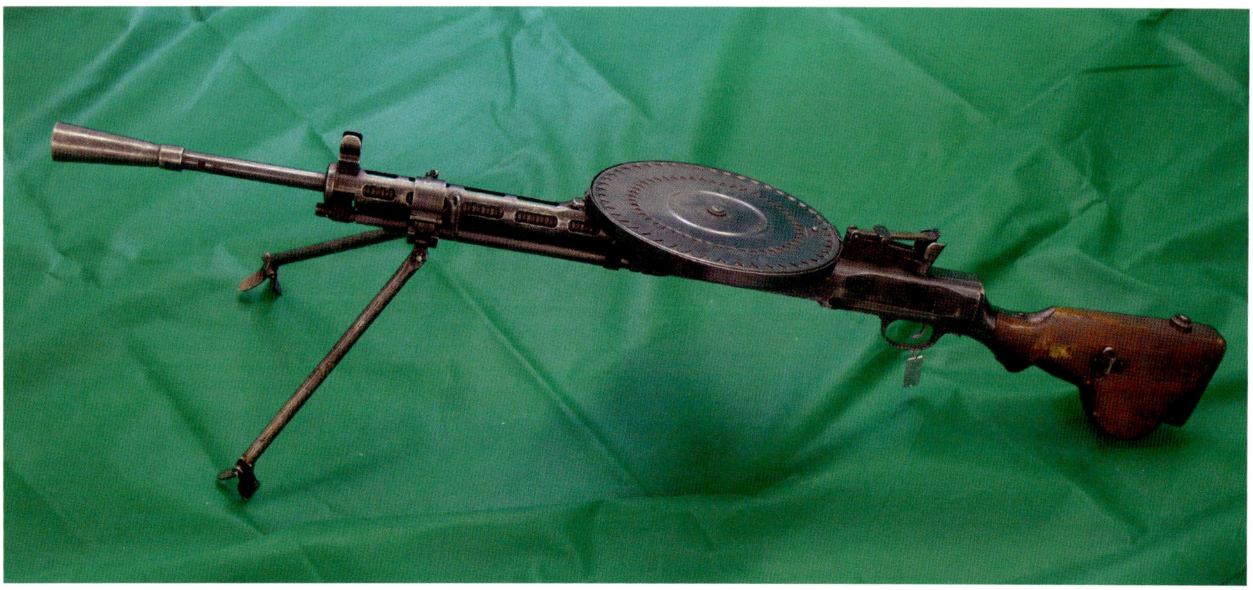

Ein Degtjarow-MG samt Tellermagazin, umringt von deutschen Soldaten.

Alles in allem erwies sich die Konstruktion von Degtjarow als robust und zuverlässig – insgesamt sollen bis zur Einstellung der Produktion von allen Typen mehr als 700.000 Stück produziert worden sein. Im Einsatz kam es dazu, dass die Truppe aber die Waffe bemängelte, nicht nur wegen des erwähnten komplizierten Laufwechsels. So sei etwa das Zweibein nicht stabil genug und auch das Aufmunitionieren des Tellermagazins sei zu zeitaufwendig. Eine verbesserte Version mit der Nummer 1944 trat so an die Stelle des Vorgängers.

Die Wehrmacht setzte große Mengen der Maschinengewehre ein, meist bei russischen oder östlichen Hilfstruppen. Die Bezeichnung der Deutschen für diese Waffe lautete: 7,62 mm leMG 120 (r). Auch nach dem Krieg blieb es viele Jahre noch im Dienst. China, Vietnam oder Nordkorea erhielten die DPs für ihre eigenen Truppen. So fand sich dieses leichte Maschinengewehr auch noch sowohl im Koreakrieg als auch im Vietnamkrieg wieder.

Technische Daten:	
Hersteller:	verschiedene Arsenale
Ausführung:	1928 bis 1950
Produktionszeit:	leichtes MG
Kaliber:	7,62 mm
Länge:	1266 mm
Lauflänge:	605 mm
Gewicht:	8,4 kg (ungeladen, mit Zweibein)
Feuerrate:	500 bis 600 Schuss
Effektive Reichweite:	800 m

Russland
Gorjunow SG 43

Die Griffe des Gorjunow für den Schützen.

Das Jahr 1943 sah die Einführung eines neuen russischen Maschinengewehrs bei der Roten Armee: das SG 43 des Konstrukteurs Gorjunow. Diese Waffe sollte das störanfällige und in die Jahre gekommene PM 1910 ersetzen. Es verschoss die alten 7,62-mm-Patronen und speiste sich von der rechten Seite über Gurtzuführung. Die Verriegelung erfolgte über einen Kippblockverschluss, ähnlich etwa zum Besa-MG. Beim SG 43 kippte der Block jedoch zur Seite und rastete in einer Vertiefung im Gehäuse ein. Durch diese Verzögerung wurde der Druckabbau gewährleistet. Als Gasdrucklader ausgelegt, kam der Druck direkt von der Gasdruckdüse auf das System. Um Verunreinigungen des Kolbens zu verhindern oder abzumildern, kam ein einfacher Gasregler mit drei Stufen zum Einbau in das MG. Das SG 43 verfügte über einen zuschießenden Verschluss, der ganze Mechanismus wurde durch das Betätigen des Abzuges ausgelöst.

Der Vorteil hier lag darin begründet, dass auf diese Weise kühlende Luft ins Innere des Maschinengewehrs gelangen konnte, wenn die Waffe gerade ruhte. Ein weiterer Vorteil bestand darin, dass der Schütze so jederzeit genau sehen konnte, ob sich noch eine Patrone im Lager befand. Der Lauf des SG 43 war schwer, konnte jedoch relativ schnell gewechselt werden. Eines der bekanntesten Merkmale dieser Waffe dürfte das weitgehende Fehlen von Federn sein. Die einzigen zu findenden Federn sind die Verschlussfedern. Zur Ausstattung gehörte

SG 43 samt Lafette.

Fast 14 Kilogramm bringt die Waffe ohne Lafette auf die Waage.

Wie viele SG 43 die Deutschen einsetzten? Unbekannt.

es, das MG auf einer Sokoloff-, später auf einer Gorjunow-Lafette mobil zu machen. Bis die Waffe jedoch endgültig in Serie gehen konnte, dauerte es noch einige Zeit.

Das SG 43 kam erst zum Ende des Krieges zur Roten Armee, die so gezwungen war, die älteren Modelle noch weiter zu nutzen. Doch nachdem die Serie dann endlich anlief, kamen die MGs zu Tausenden zur Truppe. Auch die deutsche Wehrmacht nutzte das SG 43. Die Landser setzten die Waffe als Beutewaffe ein, allerdings bekam das MG keine offizielle Fremdgerätenummer. Wie viele dieser Maschinengewehre am Ende in den deutschen Reihen zum Einsatz kamen, lässt sich nicht mehr genau eruieren. Ihr Einsatz blieb auf alle Fälle auf die Ostfront beschränkt. Eine unbestätigte Fremdgerätenummer lautete: 7,62 mm sMG 43(r). Jedenfalls avancierte das SG 43 zum Allrounder in der Roten Armee, erhielt im Laufe der nächsten Jahre ständige Modernisierungen und Typerweiterungen. Länder wie China, Polen oder die Tschechoslowakei produzierten das MG in Lizenz.

Technische Daten:	
Hersteller:	verschiedene russische Arsenale
Ausführung:	schweres MG
Produktionszeit:	1943 bis 1960
Kaliber:	7,62 mm
Länge:	1120 mm
Lauflänge:	719 mm
Gewicht:	13,8 kg (ohne Lafette)
Feuerrate:	600–700 Schuss/min
Effektive Reichweite:	1100 m

Andere russische MGs

Schwere MGs kamen auch als ortsfeste Ausführung zum Einsatz.

Neben den drei bekannten MG-Mustern der Roten Armee, die diese im Zweiten Weltkrieg einsetzte, gab es noch ein paar andere. Bei vielen zeichnete sich eben Degtjarow als Schöpfer. So gab es vom DP 1928 verschiedene Versionen. Der Buchstabe P deutete daraufhin, dass es für die Infanterie gedacht war. Es gab aber unter anderem auch noch eine Variante DT, wobei das T auf die Panzerwaffe hindeutet. Es hatte einen Pistolengriff und eine Klappschulterstütze, damit es sich für den Einbau in gepanzerte Fahrzeuge eignete. Auch war es etwas kürzer (1181 Millimeter Gesamtlänge, bei 597 Millimeter Lauflänge), glich aber ansonsten dem Urmodell. Die Deutschen nutzten diese Waffe im begrenzten Maß bei der Infanterie. Die Bezeichnung war 7,62 mm KpfwMG 320 (r).

Aber auch dem gewieften Erfinder gelang nicht alles. Unter der deutschen Bezeichnung 7,62 mm sMG 218 (r) findet sich eine Konstruktion von Degjtarow, die nicht von Erfolg gekrönt war. Dabei handelte es sich um einen Gasdrucklader auf einem Dreibein mit Schutzschild im Kaliber 7,62 Millimeter. Dieses MG brachte alles in allem über 32 Kilogramm auf die Waage und hatte die Besonderheit, dass es zwei unterschiedliche Kadenzen schießen sollte; einmal bis zu 580 oder eben bis zu 1180 Schuss/min. Die Munitionszuführung erfolgte in 50-Schuss- oder 250-Schuss Gewebe- oder Metallgurten. Die Probleme mit dieser Waffe führten jedoch schnell dazu, dass man die Produktion schon im Jahr 1941 wieder einstellte.

In Kooperation mit Georgi Shpagin gelang Degtjarow jedoch noch die Konstruktion eines überschweren MGs im Kaliber 12,7 Millimeter. Degtjarow

Ein DshK samt der dazugehörigen Lafette im Museum.

Nicht nur auf Fahrzeugen kam das DshK zum Einsatz.

Auch auf Schiffen fanden sich die schweren 12,7-mm-MGs.

kümmerte sich um die Gesamtausführung und das Verschlusssystem, während Shpagin sich dem Zuführungs- und Feuermechanismus widmete: Gedacht war es für die Bekämpfung von leicht gepanzerten Bodenzielen und Zielen in der Luft. Auch als Turmbewaffnung für Panzer oder auf Schiffen fand es schließlich Verwendung. Wie alle Degtjarow-MG ist auch das Modell DshK 1938 ein Gasdrucklader. Der Gasdruck lässt sich einstellen, die Kühlung funktioniert über Luft (Kühlrippen am Rohr). Die Waffe hat eine starre Verriegelung mittels Stützklappen. Die Munitionszufuhr erfolgt über 50 Patronen im Kasten. Es steht nur Dauerfeuer zur Auswahl.
Zwar fielen auch einige dieser überschweren MGs in deutsche Hände während des Zweiten Weltkrieges, so dass man dem DshK sogar die Bezeichnung 12,7 mm sMG 268 (r) gab und sie somit als Beutewaffe führte, doch das Versorgungsproblem mit ausreichend Munition schränkte den Einsatz doch sehr ein. Nach dem Ende des Krieges exportierte die Sowjetunion diese Waffe in großen Stückzahlen, so dass das DshK in über 40 Ländern zu finden war und stellenweise noch ist. So kann man ein solches überschweres MG manchmal sogar in den Nachrichten sehen, wenn eine solche Gerätschaft auf der Ladefläche eines Pickups zu sehen ist, vor allem im Irak, Syrien oder auch Afghanistan.

Technische Daten: DshK 1938	
Hersteller:	verschiedene Arsenale
Ausführung:	schweres MG
Produktionszeit:	1938 bis 1975
Kaliber:	12,7 mm
Länge:	1626 mm
Lauflänge:	1070 mm
Gewicht:	33,3 kg (ohne Lafette)
Feuerrate:	550 bis 600 Schuss/min
Effektive Reichweite:	2000 m

Darüber hinaus kam das MG von Shpagin und Degtjarow als Flak zum Einsatz.

Als Turmbewaffnung auf Panzern und anderen Fahrzeugen war das schwere MG DshK 1938 zu finden.

USA
Browning Automatic Rifle (BAR)

Blick auf Magazin und Abzugspartie des BAR.

Das BAR mit einer Gesamtlänge von 1214 mm.

Das Browning Automatic Rifle ist eigentlich weder Fisch noch Fleisch, oder anders ausgedrückt: Es lässt sich keiner Waffenkategorie eindeutig zuordnen. Fasst man den Begriff des MGs eng, dann ist das BAR – so die Abkürzung für diese Waffe – ein für Einzel- und Dauerfeuer ausgelegtes Schnellfeuergewehr. Im harten Einsatz kam es jedoch wie ein leichtes Maschinengewehr zum Einsatz, weswegen es auch in diese Kategorie eingeordnet wird. Das BAR ist ein Gasdrucklader mit einem Gasdrucksystem, das sich unter dem Lauf befindet. Der Gasdruck drückt den Gaskolben, nachdem das Geschoss eben jenen Kolben passiert hat, zurück, an dem sich wiederum ein Gelenk als Verbindung zum Verschluss befindet. Läuft der Kolben zurück, dreht sich das Gelenk und sorgt für die Sicherheit. Die leere Hülse fliegt nach rechts (vom Schützen aus gesehen) weg. Der Verschluss wandert wieder nach vorne, führt eine neue Patrone nach, während der Kolben weiterläuft, das Gelenk nach oben gedrückt wird, um in die Nuten einzurasten, womit die Waffe dann wieder verriegelt ist – alles etwas vereinfacht beschrieben. Schon im Jahr 1918 kam das Gewehr zur Truppe, durchlebte dann einige Modifikationen, wie etwa das Zweibein.

Am Ende stand schließlich die Version BAR M1918 A2 (eingeführt im Jahr 1940), die aber immer noch an den Problemen litt, die schon die ersten Varianten aufwiesen: ein zu kleines Magazin (nur 20 Schuss), das hohe Gewicht von fast 10 Kilogramm und die fehlende Möglichkeit den Lauf zu wechseln, wie es bei fast allen anderen leichten Maschinengewehren möglich war. Dennoch erwies es sich als zuverlässig und robust, weswegen es auch vielfach Verwendung bei der Armee fand. Insgesamt sollen vom BAR über 350.000 Stück produziert worden sein. Auch die Polen fertigten ihre Version des BARs, und zwar in Form des »7,92 mm reczny karabin maszynowy wz. 28«, das bei der Wehrmacht unter den Bezeichnungen 7,9 mm leMG 151/1 (p), 154/2 (p) oder 28 (p) lief, aber nur in geringen Stückzahlen als Beutewaffe Verwendung fand. Die Versionen 154/1 und 154/2 unterschieden sich dabei nur bei der Visierung und der Form des Kolbens. Später kamen die BARs auch noch während des Koreakrieges und des Vietnamkrieges zum Einsatz.

Technische Daten:	
Hersteller:	Winchester, Colt u.a.
Ausführung:	leichtes MG
Produktionszeit:	1917 bis 1945
Kaliber:	7,62 mm
Länge:	1214 mm
Lauflänge:	610 mm
Gewicht:	9,8 kg
Feuerrate:	bis 600 Schuss/min
Effektive Reichweite:	800 m

Visierung, Systemkasten und Abzug des BAR.

USA
MG Browning M1917

Das Browning M1917 kam im Ersten Weltkrieg nicht in großen Stückzahlen an die Front.

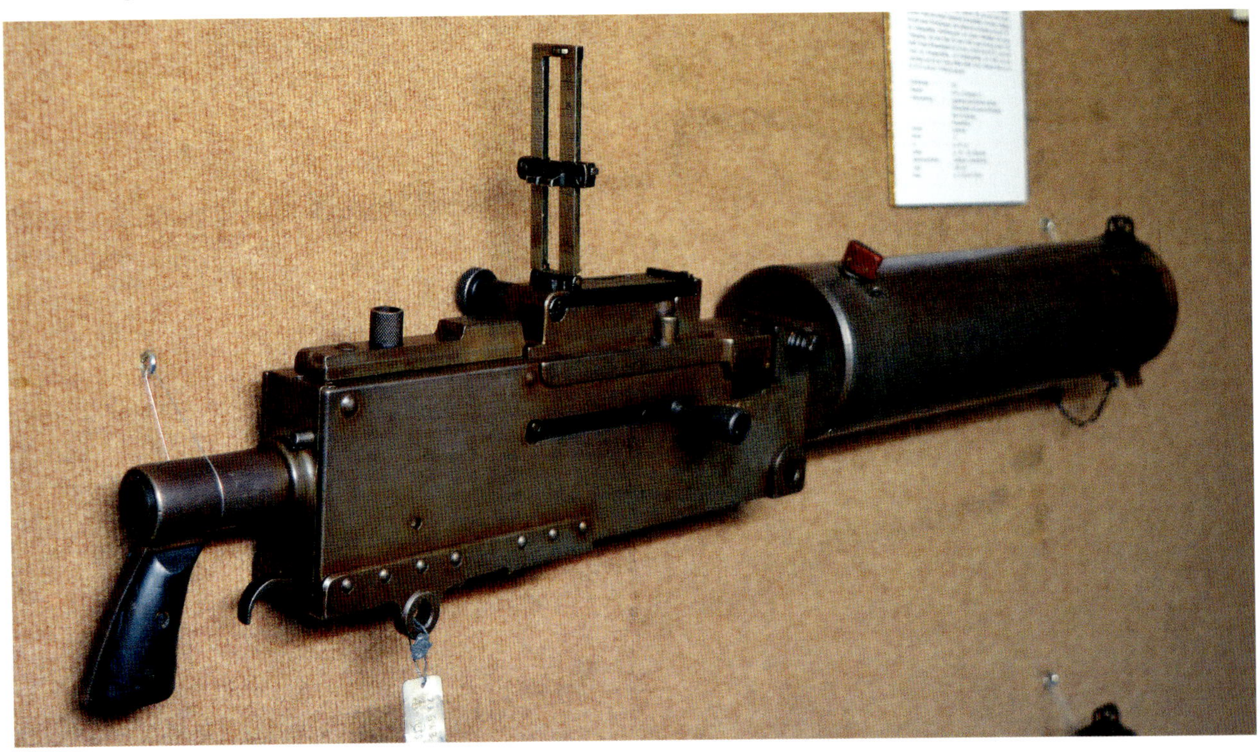

Als es für die Vereinigten Staaten darum ging, ob man in den Ersten Weltkrieg eintreten solle, kam es zu einer ersten Bestandsaufnahme der zur Verfügung stehenden Maschinengewehre. Insgesamt verfügte die US-Army gerade einmal über etwas mehr als 1000 Waffen dieser Art. Sofort lief ein Programm an, das diesen Missstand beheben sollte. Am 27. Februar 1917 führte der Konstrukteur Browning vor den Toren Washingtons zwei Waffen vor. Zum einen das Browning Automatic Rifle und zum anderen ein wassergekühltes MG. Alles klappte einwandfrei, so dass für den Mai ein zweites Schießen angesetzt wurde. Das M1917 war von vornherein auf die Möglichkeit der Massenproduktion ausgelegt. Verschiedene Lizenzverträge gingen an Colt, Remington und andere. Doch auf den Krieg hatte die Waffe keinen großen Einfluss mehr. Sie kam nur in geringen Stückzahlen an die Front in Europa, da die amerikanischen Truppen in der Mehrheit mit französischen und britischen Waffen ausgestattet wurden. Der erste Bericht von einem Einsatz des M1917 stammt vom 26. September 1918.

Nach Kriegsende nahm man einige Verbesserungen an der Waffe vor (diese mündeten dann in das Modell M1917 A1). Aber auch dieses hatte eine Wasserkühlung. Die Munitionszuführung funktionierte mittels Gurt (á 250 Schuss). Es war gleichzeitig auch das Standard-MG der Amerikaner im Zweiten Weltkrieg. In den Export ging diese Waffe ebenfalls und gelangte so auch nach Europa. Beispielsweise führte die Armee des Königreichs Norwegen das Maschinengewehr ein. Dort gab es die Waffe dann auch gleich in der ursprünglichen und der Nachfolger-Version mit den Bezeichnungen Colt mitraljose m/29I und Colt mitraljose m/29T. Der Grund für diese Bezeichnung war, dass Colt den Verkauf an das Land übernahm. Schweden und Polen dagegen bauten die Waffe in Lizenz. In Norwegen fielen einige dieser Maschinengewehre in deutsche Hände. Unter der Bezeichnung »7,9 mm Maschinengewehr 245/1 (n) und 245 (2)« kamen sie in die eigenen Bestände. Doch nur das schwere MG 245/1 richtete man auf die deutsche Standardpatrone aus. Sowohl im Koreakrieg als auch im Vietnamkrieg kam das M1917 in den verschiedenen Versionen zum Einsatz – und war darüber hinaus in diesem Zeitraum noch bei vielen weiteren Nationen zu finden.

Technische Daten:	
Hersteller:	diverse Hersteller
Ausführung:	schweres MG
Produktionszeit:	1917 bis 1975
Kaliber:	diverse Kaliber
Länge:	981 mm
Lauflänge:	607 mm
Gewicht:	47 kg (total)
Feuerrate:	bis zu 600 Schuss/min (Version A1)
Effektive Reichweite:	1000 m

Noch im Zweiten Weltkrieg war das M 1917 im Einsatz …

… wie hier auf dem pazifischen Kriegsschauplatz.

USA
MG M 1919

Das M1919 setzte auf Luftkühlung statt auf Wasserkühlung.

Das M1917 von Browning avancierte zum Standard-MG der US-Army im Zweiten Weltkrieg – mit leichten Veränderungen zum ursprünglichen Modell. Es gab aber auch noch ein weiteres aus dieser Reihe, nämlich das M1919. Der erste Hauptunterschied bestand darin, dass man nun eine Luftkühlung anstatt der Wasserkühlung nutzte. Doch mit dem Ende des Krieges und der sinkenden Zahl an Soldaten kam schnell das Aus für das Modell. Es folgten die Modelle A1, A2 und A3, bei denen die Produktionszahlen aber durchweg gering waren. Erst mit dem A4 stiegen sie wieder. Es entstand in erster Linie als schweres Maschinengewehr für die Infanterie (nachdem die Vorläufer u.a. für Panzer gewesen waren waren). Doch war das Gewicht dieser Waffe im Vergleich mit anderen luftgekühlten MGs der Zeit sehr hoch. Im wahrsten Sinne des Wortes erschwerend kam hinzu, dass man die Waffe von einem Dreibein aus einsetzte, das für sich allein genommen nochmals über sechs Kilogramm wog.

Ein weiteres Problem war die Funktionstüchtigkeit wegen der schwachen Rückstoßenergie. Das MG arbeitete als mit Gasdruckunterstützung arbeitender Rückstoßlader mit kurz zurückgleitendem Lauf und starr verriegeltem Verschluss. Trotz ihrer Mängel war die Waffe an sich eine solide Konstruktion. Es folgten weitere Varianten dieses Maschinengewehrs, das es auch in einer Version als lMG (A6) oder auch für den Einsatz in Panzern in einer Modifikation (A5) gab. Verschiedene Modelle legten die Konstrukteure zu-

Ein M1919 beim Übungsschießen.

dem für verschiedene Kaliber aus. Bis in die 1960er-Jahre blieben diese Waffen im Dienst der US-Armee. Auch in den Export gingen die Maschinengewehre, so dass selbst in den 1980er Jahren noch MGs dieses Typs im Einsatz waren. Bei der Armee der Vereinigten Staaten trat Anfang der 1960er Jahre das Universal-MG M60 an die Stelle des M1919.

Technische Daten:	
Hersteller:	Rock Island Arsenal u.a.
Ausführung:	schweres Maschinengewehr
Produktionszeit:	1919 bis 1945
Kaliber:	7,62 mm
Länge:	1041 mm
Lauflänge:	610 mm
Gewicht:	14,1 kg
Feuerrate:	500 Schuss/min
Effektive Reichweite:	1400 m

USA
MG Browning M2

Vom Kaliber zu den überschweren zählend, gehört das Browning M2 dennoch zu den schweren MGs.

Die Kämpfe im Ersten Weltkrieg führten dazu, dass man sich auch um einen immer stärkeren Panzerschutz bemühte. In diesem Zusammenhang soll der amerikanische General Pershing nach einem überschweren MG verlangt haben. Erste Versuche mit französischen Modellen verliefen nicht erfolgsversprechend. Browning und das Unternehmen Winchester erarbeiteten eine Patrone im Kaliber 12,7 Millimeter mit einem Geschoss von 39,6 Gramm. Der erste Test fand am 15. Oktober 1918 statt, wo man bereits eine Kadenz von 500 Schuss erreichte (das Geschoss hatte nun ein Gewicht von 41,8 Gramm). Doch die Mündungsgeschwindigkeit lag unter den Erwartungen. Dennoch erteilte das Beschaffungs-

amt einen Auftrag im Umfang von 10.000 Stück. Das Problem sollte mit einem längeren Lauf und einer besseren Munition ausgemerzt werden.
Doch der Zufall kam zu Hilfe, und zwar in Form einer deutschen Patrone, die man für die Panzerbekämpfung nutzte. Deren Daten übernahm man bei Browning und Winchester, stellte die Produktion entsprechend um und schuf das überschwere MG im Kaliber 12,7 Millimeter. Im Grunde handelte es sich bei dieser frühen Version um ein vergrößertes M1917, mit anderer Visierung und einem Öldruck-Dämpfer. Die Feuergeschwindigkeit konnte mittels Regler gesteuert werden. Das MG arbeitete noch mit einer Wasserkühlung und bekam die Bezeichnung M1921.
Mitte der 1930er Jahre kam es dann zu einer weiteren Abänderung. Die Waffe erhielt ein luftgekühltes Rohr und die Bezeichnung M2. Das Problem war nur, dass nun das Rohr zum Überhitzen neigte, wodurch quasi schon die nächste Version, das M2 HB (Heavy Barrel), an den Start ging. Dies war nötig, da es bei diesem überschweren MG nicht die Option gab, den Lauf zu wechseln. Vor allem auf Gefechtsfahrzeugen kam diese Waffe zum Einsatz. Über drei Millionen Maschinengewehre dieses Typs in den unterschiedlichen Varianten entstanden.
Seit dem Zweiten Weltkrieg finden sich die M2 HBs in nahezu allen Kriegen. Manche Länder haben es noch im Dienst oder stellen es sogar noch her. In den Vereinigten Staaten liefen mehr MGs dieses Typs im Laufe der Jahrzehnte von den Bändern als von einer anderen Konstruktion. Viele Unternehmen produzieren Ersatzteile oder fertigen es gleich ganz in Lizenz. Damit zählt es zu den erfolgreichsten und langlebigsten Maschinengewehren der Geschichte.

Technische Daten:	
Hersteller:	verschiedene Hersteller
Ausführung:	schweres Maschinengewehr
Produktionszeit:	1921 bis heute
Kaliber:	12,7 mm
Länge:	1654 mm
Lauflänge:	1143 mm
Gewicht:	38,1 kg (ohne Dreibein)
Feuerrate:	500 Schuss/min
Effektive Reichweite:	2000 m (ungepanzerte Ziele)

Tschechoslowakei
MG ZB vz. 26

Das ZB vz. 26 stand Pate für viele weitere Entwicklungen.

Gut zu sehen die Kühlrippen und das nach der Seite versetzte Korn.

Zu den jüngeren Herstellern auf dem Gebiet der Maschinengewehre gehörte die Tschechoslowakei. Im Jahr 1922 gründete sich die Waffenfabrik Ceskoslovenska Zbrojovka Akciova Spolecnost v Brno in Brünn. Dabei handelte es sich um eine Aktiengesellschaft, bei der der Staat die Mehrheit hielt und die anderen Anteile sich im Besitz von Skoda (aus diesem Unternehmen stammten auch Panzer) und der Belegschaft befanden. Die erste dort produzierte Waffe war jedoch kein Eigengewächs, sondern der lizenzierte Nachbau des Hotchkiss Modell 22 aus Frankreich. Aber bald ging man dazu über, sich auf eigene Entwürfe zu verlegen. Das erste Produkt verdankt das Unternehmen dann dem Entwickler Vaclav Holek, der in seinem Team auch noch seinen Bruder Emanuel sowie Anton Marek und Antonin Podrabsky wusste, die im Jahr 1924 die erste Waffe vorstellten, das Lehky Kulomet ZB vz. 24. Dies blieb jedoch nur ein Prototyp, aus dem die Mannschaft aber einige Details übernahm, um eine noch bessere Waffe zu schaffen.

Aus ihrer Zusammenarbeit entstand so schließlich das legendäre Lehky Kulomet ZB vz. 26, oder kurz ZB 26. Dieses leichte Maschinengewehr gehörte zu jenen MGs, die für viele andere Konstruktionen Pate standen oder von denen man Ideen übernahm. So nutzten etwa die Japaner oder auch die Briten Einflüsse dieser Waffe für ihre eigenen Konstruktionen. Das ZB 26 war ein luftgekühlter Gasdrucklader mit einem langen Gaskolben unter dem Lauf im Kaliber 7,92 Millimeter. In der Nähe der Laufmündung befand sich eine Bohrung, von wo aus Teile der Gase auf den Kolben des Verschlussriegels geleitet wurden. Der Riegel öffnet den Verschluss, die Hülse fliegt raus, eine Patrone wird nachgeführt, verriegelt, und schon kann weiter geschossen werden. Die Munitionszuführung erfolgte über ein schräges Kastenmagazin von oben.

Die Entwickler legten bei dem ZB 26 größten Wert auf einfaches Zerlegen, einfache Wartung, ein leichter und schneller Laufwechsel und nicht zuletzt eine einfache Nutzung durch den Soldaten. Neben der Verwendung in der tschechoslowakischen Armee mauserte sich das Modell zu einem absoluten Exportschlager und ging unter anderem auch nach China, Jugoslawien und Spanien. Nach der Besetzung des Landes durch die Deutschen führte die Wehrmacht die Waffe als Beutewaffe mit der Bezeichnung 7,92 mm leMG 26(t) ein. Es gab auch noch eine Bezeichnung mit der Endung 146/1 (j) – diese Waffe stammte dann aus den Beständen der jugoslawischen Armee.

Technische Daten:	
Hersteller:	Ceskosolvenska Zbrojovka
Ausführung:	leichtes Maschinengewehr
Produktionszeit:	1926 bis 1951
Kaliber:	7,92 mm
Länge:	1165 mm
Lauflänge:	602 mm
Gewicht:	8,84 kg
Feuerrate:	500 bis 600 Schuss/min
Effektive Reichweite:	1500 m (auf Zweibein)

Der luftgekühlte Gasdrucklader verfügt über einen langen Gaskolben.

Tschechoslowakei
MG ZB vz. 30

Eine weitere tschechische MG-Version, die auf dem ZB 26 fußte.

Das ZB vz. 26 von den Brüdern Holek und deren Teammitgliedern war ein großer Exporterfolg. Doch die Zeit blieb natürlich nicht stehen und die Männer ruhten sich nicht auf ihren Lorbeeren aus. Vielmehr gingen sie daran, ihre schon gute Erfindung weiter zu verbessern. Das Ergebnis war das Lehky Kulomet ZB vz. 30 oder kurz ZB 30. Rein äußerlich waren diese beiden Waffen kaum zu unterscheiden. Die Verbesserungen bezogen sich auf die Fertigung und ein paar technische Details. Eine der größten Änderungen im Vergleich zum Modell 26 war der kürzere Gaskanal. Die Gasentnahme befand sich nun nicht mehr vorne, sondern auf der Höhe des Zweibeins. Auch der Gasregulator erfuhr eine entscheidende Änderung. Nun gab es nur noch vier Stufen anstelle von deren sieben. Ansonsten blieb alles gleich, auch die Munitionszufuhr in Form eines schrägen Stangenmagazins. Aber auch dieses Modell aus Brünn entwickelte sich zum Exportschlager und ging so nach Rumänien oder auch in den Iran.

Viele Länder produzierten die Waffe unter Lizenz, so dass das ZB 26 und das ZB 30 aus der kleinen Tschechoslowakei zu den häufigsten leichten Maschinengewehren zählten, die es auf der ganzen Welt gab. Nach der Besetzung durch die Deutschen produzierten diese die Waffen in Brünn eine ganze Zeit lang weiter, um den eigenen Bedarf zu decken. So nutzten etwa Zivil- und Militärpolizei diese Waffe, aber auch die Waffen-SS machte davon Gebrauch. Die offizielle Bezeichnung als Beutewaffe lautete: 7,92 mm leMG 30 (t). Da diese Waffe aber auch in Jugoslawien zu finden war, stießen die dortigen Beutewaffen auch dazu, dann aber mit der Endung 148 (j). Und Holek entwickelte weiter, womit er auch andere beeinflusste. So entstand aus seiner Erfindung die Bren-Gun oder auch die BESA. Nach dem Krieg lief die Produktion wieder an, diesmal unter sowjetischer Aufsicht. Doch das ZB 26 und das ZB 30 blieben unerreicht.

Technische Daten:	
Hersteller:	Ceskoslovenska Zbrojovka
Ausführung:	leichtes Maschinengewehr
Produktionszeit:	1930 bis 1951
Kaliber:	7,92 mm
Länge:	1180 mm
Lauflänge:	600 mm
Gewicht:	9,1 kg
Feuerrate:	500 bis 550 Schuss/min
Effektive Reichweite:	über 1000 m

Als Beutewaffe beim Schutz eines Transportzuges ...

... oder als leichtes Fla-MG eingesetzt

Großbritannien
MG Vickers

Vickers-MG auf einem passenden Motorradgespann.

Zu den bekannten MG-Mustern von den britischen Inseln zählt zweifelsohne das Vickers-MG. Seine Ursprünge reichen bis ins 19. Jahrhundert zurück zu den Konstruktionen von Maxim. Doch änderte man das Konzept ab. Abzugsstange und Bedienkurbel wanderten nach oben. Im Jahr 1912 kam das Vickers zu den britischen Truppen, mit dem sie auch in den Ersten Weltkrieg zogen. Dabei handelte es sich um eine wassergekühlte Waffe (mit vier Litern Kühlwasser im Mantel). Der Laufwechsel gestaltete sich als sehr aufwendig – so musste die ganze Waffe hochgehoben werden. Im Großen Krieg bewährte sich die Waffe mit starrer Verriegelung (mit Kniegelenkverschluss), so dass es in die ganze Welt ging und auch bei den Commonwealth-Staaten zum Einsatz kam.

Vor dem Zweiten Weltkrieg nahm man noch einige Modifikationen vor. Es entstand eine ganze Reihe von verschiedenen Varianten, wie das Mk 4B, das Mk 6, das Mk 6*, das Mk 3 usw. Bei der Infanterie, der Marine, der Luftwaffe, in Panzern, nahezu überall waren die Vickers-MG zu finden. Später gab es auch noch bessere Munition, womit die Reichweite der Waffe noch weiter wuchs. Selbst im Zweiten Weltkrieg war es noch das Standard-MG im schweren Segment der Briten und ebenso in anderen Ländern.

Den Deutschen fiel eine ganze Reihe

dieser Waffen in die Hände, die sie unter der Bezeichnung 7,7 mm sMG 230 (e) in ihre Bestände übernahmen. In Griechenland und Frankreich erbeutete die Wehrmacht vor allem dieses MG. Örtliche Hilfstruppen bekamen diese Maschinengewehre zugewiesen, aber auch zur Verteidigung des Atlantikwalls setzten die Deutschen diese Beutewaffen ein. Mit dem Zweiten Weltkrieg endete die Geschichte dieser Waffe aber noch nicht. Vielmehr dauerte die Produktion noch bis in die 1960er Jahre, solange bis man einen Ersatz für das Vickers fand.

Technische Daten:	
Hersteller:	verschiedene Hersteller, u.a. Vickers & Maxim Ltd., London
Ausführung:	schweres Maschinengewehr
Produktionszeit:	1912 bis 1968
Kaliber:	7,7 mm
Länge:	1110 mm
Lauflänge:	723 mm
Gewicht:	18,1 kg
Feuerrate:	450 Schuss/min
Effektive Reichweite:	2000 m

Schon früh führten die Briten Motorräder und Vickers-MGs zusammen.

Großbritannien
MG Lewis

Allein die markante Form verleiht dem Lewis-MG Wiedererkennungswert.

Das Lewis-MG kam eigentlich zu den britischen Truppen nur aus einem einzigen Grund: Vickers konnte die Nachfrage nicht befriedigen. Es erwies sich aber als so gut, dass immer mehr Lewis-MGs zur Truppe kamen. Erst im Jahr 1940 lagerte die britische Infanterie das MG ein und ersetzte es. Bei der Royal Navy blieb es aber bis zum Kriegsende im Einsatz. Der Mechanismus dieser Waffe basierte auf einem Drehkammerverschluss. Das Abzapfen der Gase erfolgte unter dem Lauf über einen Zweistufenregler. Der Schlagbolzen war fest montiert und bildete einen Teil der Kolbenstange. Die Kühlung dieses Maschinengewehrs war für sich gesehen genial. Ein Stahlrohr umschloss den Lauf, für den passenden Abstand sorgten Rippen aus Aluminium. Die Luft wurde am Gehäuse angesaugt und trat an der Mündung wieder aus, was den kühlenden Effekt bewirkte – so zumindest der Konstrukteur, Issac Newton Lewis.

Unverwechselbar war auch die gesamte Form der Waffe, die vom dicken Lauf und dem Trommelmagazin dominiert wurde. 47 oder 97 Schuss passten in die Container (des Mk I mit den Patronen vom Typ Mk 7). Es war auf der Erde nur anfällig für Schmutz und Staub, eignete sich aber sehr gut für Flugzeuge und Schiffe. Der Aufbau des Maschinengewehrs war kompliziert, was immer wieder zu Störungen führte.

Dennoch verließen Massen dieser Waffen die Fabriken. Auch in den USA produzierte man das Lewis-MG im britischen Auftrag und das französische Unternehmen Darne stellte es ebenfalls her. Die offizielle Einführung erfolgte im Jahr 1915, die Außerdienststellung im Jahr 1946.
Die Wehrmacht erbeutete viele dieser leichten Maschinengewehre im Brückenkopf von Dünkirchen, als die flüchtenden britischen Truppen Massen an Kriegsgerät zurückließen. Die Deutschen lagerten es ein und unter der Bezeichnung 7,7 mm leMG 137 (e) führte man es in den eigenen Arsenalen. Vor allem der Volkssturm bekam diese Waffe bei seiner Ausrüstung ab 1944 in großen Stückzahlen zugeteilt.
Etwas Verwirrung herrscht bei den Versionen. Offiziell gibt es acht Varianten des Lewis-MGs, die aber für sich genommen gleich waren, jedoch für ihren jeweiligen Einsatzzweck ausgerüstet werden konnten – etwa mit Spatengriff oder Gewehrkolben.

Technische Daten:	
Hersteller:	Birmingham Small Arms Company, Birmingham; u.a.
Ausführung:	leichtes Maschinengewehr
Produktionszeit:	1913 bis 1942
Kaliber:	7,7 mm
Länge:	1283 mm
Lauflänge:	667 mm
Gewicht:	11,8 kg
Feuerrate:	550 Schuss/min
Effektive Reichweite:	800 m

Stempelungen zwischen der Kimme und dem Tellermagazin.

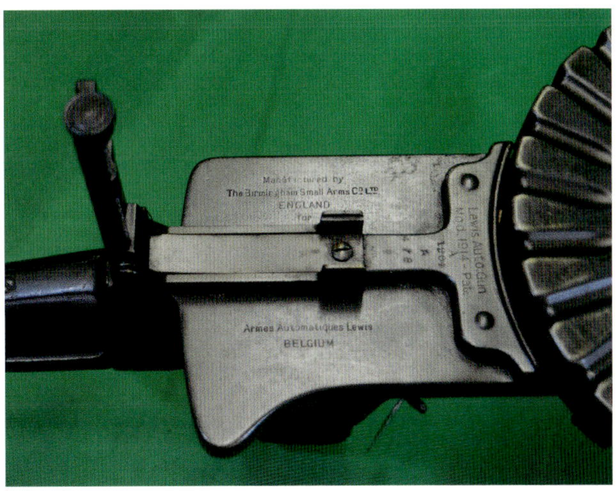

Großbritannien
MG Vickers-Berthier

Mit dem VGO dürften vor allem Truppen des Deutschen Afrika-Korps Bekanntschaft gemacht haben.

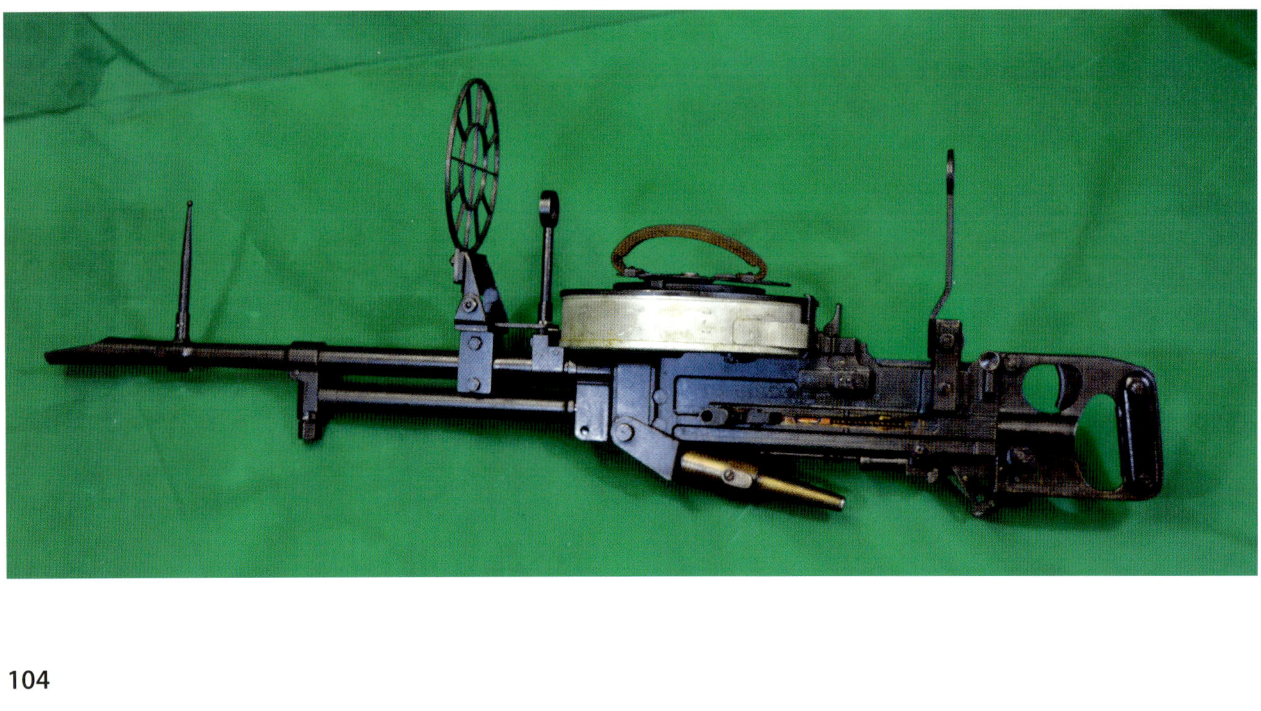

Auch wenn es der Name Vickers vermuten lässt, so handelt es sich beim Vickers-Berthier lMG keineswegs um eine britische Waffe. Vielmehr liegt ihr Ursprung in Frankreich. Der britische Waffenhersteller kaufte lediglich die Rechte an diesem Maschinengewehr. Im Jahr 1925 begannen im Werk in Crayford die Arbeiten, um einen Beitrag für ein neues Maschinengewehr zu leisten. Doch die britische Armee zeigte kein Interesse an der Waffe, wohl aber die indische Armee, die das Vickers-Berthier schließlich sogar im Jahr 1933 als ihr Standard-MG einführte. Man war von dem Modell derart überzeugt, dass im indischen Ishapore sogar eine eigene Produktionslinie entstand – hier baute man die Version Mk 3. Beim Vickers-Berthier handelt es sich um einen Gasdrucklader, bei dem das Gasdruck-System unterhalb des Laufes liegt. Die Munitionszuführung erfolgte über ein Kastenmagazin zu 30 Schuss. Äußerlich ähnelt das Vickers-Berthier einem Bren, aber sein Mechanismus und ein paar Gewehrteile waren doch anders. Der große Erfolg – obwohl die indische Armee auf diese leichte und zuverlässige Waffe schwor – blieb der Konstruktion jedoch verwehrt. Neben den Indern gehörten nur einige Staaten in Südamerika sowie Ostseeanrainer zum Kundenstamm. Eine abgewandelte Version des Vickers-Berthier brachte es dennoch zu Ruhm. Im Jahr 1928 entstand auf Grundlage der Konstruktion eine Version für Flugzeuge – 900 Schuss/min, ein Laufwechsel innerhalb weniger Sekunden waren schlagende Argumente.

Als Vickers G.O oder Vickers K. gingen sie in die Geschichte ein. In Nordafrika kam diese Waffe nach ein paar Modifikationen zum Einsatz. Im damaligen Sprachgebrauch nutzten »irreguläre Streitkräfte« diese Waffe. Auch der Special Air Service SAS nutzte diesen Abkömmling des Vickers-Berthier, in dem er die Waffe auf Jeeps montierte, mit denen man dann feindliche Stellungen oder Kolonnen angriff und sich dann wieder in die Wüste zurückzog. Ob diese Version in die Hände der Deutschen fiel, darüber besteht keine Klarheit. In der offiziellen Liste der Beutewaffen findet sich dazu bis dato kein Vermerk.

Technische Daten:	
Hersteller:	Vickers Armstrong
Ausführung:	leichtes Maschinengewehr
Produktionszeit:	1933 bis 1942
Kaliber:	7,7 mm
Länge:	1156 mm
Lauflänge:	600 mm
Gewicht:	11,1 kg
Feuerrate:	600 Schuss/min
Effektive Reichweite:	k.A.

Diese VGO-Version ist mit einem Fliegervisier versehen.

Großbritannien
MG Besa

Das Besa-MG wies einen merkwürdigen Spannvorgang auf.

Vor allem als MG in Panzern kam das Besa zum Einsatz.

Obwohl unter britischer Ägide hergestellt, so entstand das Besa-MG doch auf Grundlage einer anderen Konstruktion. Vaclav Holek, der Vater des tschechischen ZB 26, schuf im Jahr 1937 das ZB 53 Modell 1937, ein schweres Maschinengewehr. Es war zum Einbau in gepanzerte Fahrzeuge vorgesehen. Der Spannvorgang gestaltete sich ungewöhnlich: Der Pistolengriff musste schnell nach vorne geschoben und

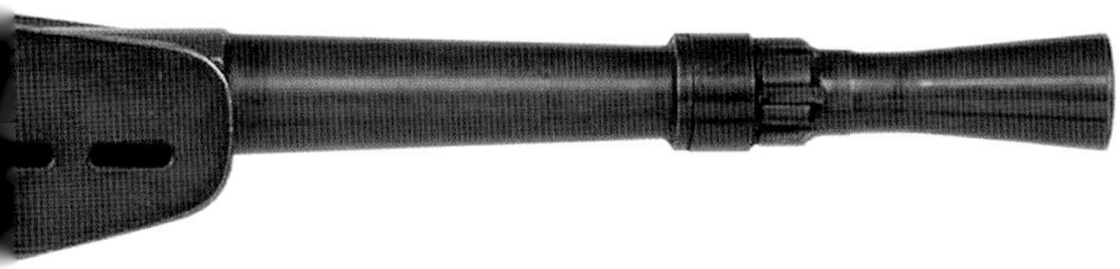

dann wieder schnell zurückgezogen werden, wobei sich das Gasdrucksystem und der Verschluss mit nach hinten bewegten. Die Briten, die auf der Suche nach neuen Waffen waren und überdies gerade ihre Rüstungswirtschaft ankurbeln wollten, bemühten sich um eine Lizenzfertigung.

Das Problem war nur die Munition: Das britische Standardkaliber passte nicht, man hätte die Waffe also umrüsten müssen, was aber nicht gelang. Kurzerhand behielten die Briten das Kaliber 7,92 Millimeter bei. Der Name setzte sich übrigens aus den Worten Brno (zu Deutsch Brünn), Enfield und BSA zusammen. Mit dieser Waffe ließen sich längere Feuerstöße problemlos abgeben. Ein Makel war die Zuführung neuer Munition. Der Verschlussdeckel musste nach oben geöffnet werden, um einen neuen Gurt zuzuführen – dafür waren dann mindestens 20 Zentimeter freier Platz nach oben nötig. Zwei Kadenzen ließen sich ebenfalls einstellen: 500 oder 800 Schuss in der Minute. Während des ganzen Zweiten Weltkrieges kamen die Besa-MGs auf den britischen Panzern und den entsprechenden gepanzerten Fahrzeugen zum Einsatz, in allen möglichen Varianten, von denen es offiziell vier Stück gab.

Und auch die Deutschen erkannten die Vorteile dieser Waffe. Nach dem Einmarsch der Wehrmacht und der Annektierung der Werke in Brünn bauten die Deutschen die Waffe weiter, die auch – ein Jahr vor dem Einmarsch der Truppen des Deutschen Reichs – als tschechisches Standard-sMG bei der Armee eingeführt wurde. In den deutschen Beutewaffenlisten war es unter der Bezeichnung 7,92 mm sMG 37 (t) zu finden, oder auch mit dem Kürzel (j) – eben als Beutewaffe aus jugoslawischen Beständen, nachdem die Wehrmacht dort 1941 einmarschiert war. Es kam zahlreich zum Einsatz, entweder bei der Infanterie oder auch als ortsfestes Maschinengewehr.

Das Nachladen konnte in Panzern kompliziert werden.

Technische Daten:	
Hersteller:	Small Arms Company Ltd., Birmingham
Ausführung:	schweres Maschinengewehr
Produktionszeit:	1936 bis 1946
Kaliber:	7,92 mm
Länge:	1105 mm
Lauflänge:	679 mm
Gewicht:	21 kg
Feuerrate:	800 Schuss/min
Effektive Reichweite:	k.A.

Großbritannien
MG Bren

Das Bren ist eine Adaption des tschechischen ZB 26.

Bren setzt sich zusammen aus Br(no) und En(field).

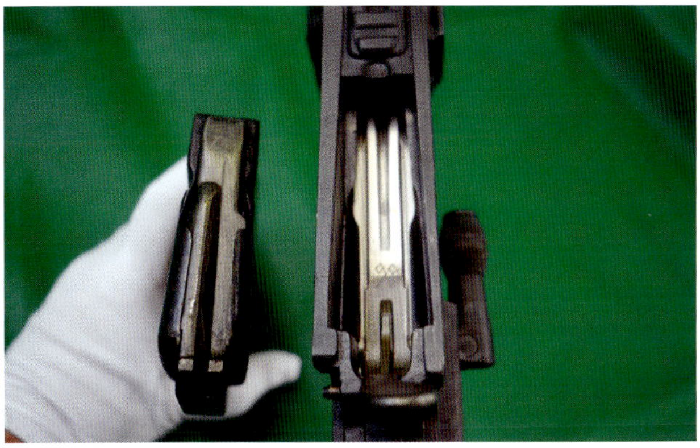

Magazin und Magazinschacht des Bren.

Blick von links auf den Systemkasten.

Wem das britische Bren in irgendeiner Weise bekannt vorkommt, der liegt goldrichtig. Nach dem Ersten Weltkrieg verwendete man immer noch das Lewis-MG, war aber auf der Suche nach einem anderen leichten MG. Verschiedene Muster unterzogen die zuständigen Stellen einem Vergleichstest, so etwa das dänische Madsen-MG, aber auch das tschechische ZB 26. Schnell zeigte sich, dass man wohl mit der letzten Waffe den Sieger gefunden hatte. Allerdings mussten ein paar konstruktive Änderungen vorgenommen werden, damit das leichte MG auch mit der britischen Standardmunition funktionierte. Die Konstrukteure Holek und Marek bauten nach den Wünschen der Briten einen Prototyp, der unter anderem einen etwas kürzeren Lauf, einen anderen Schaft und auch noch einen Rückstoßminderer beinhaltete. Die Wahl des Produktionsortes fiel auf die altehrwürdige Stadt Enfield, die eine lange Tradition im britischen Waffenbau aufweist.

Nach anfänglichen Problemen mit der Herstellung erreichte die Royal Small Arms Factory im September 1939 einen Ausstoß von 400 Stück in der Woche. Der Name Bren setzt sich folgerichtig auch aus den beiden Städten zusammen, in denen das MG entstand. Ursprünglich aus dem tschechischen Brno (zu Deutsch Brünn) stammend, nahm man die ersten beiden Buchstaben des Wortes und ergänzte es um die ersten beiden Buchstaben von Enfield. Das Ergebnis: Bren. Zu Beginn gab es noch Probleme mit den Magazinen, was sich aber bald beheben ließ.

Noch heute gilt das Bren-MG als eines der besten leichten Maschinengewehre des Zweiten Weltkrieges. Die Waffe gehörte zur Ausrüstung der britischen Truppen, der indischen Armee, der Freien Franzosen und wurde auch an die Polen ausgegeben, die in Italien ab 1943 im Kampf standen. Auch die Wehrmacht erkannte die Möglichkeiten und setzte Beutewaffen als 7,7 mm leMG 138 (e) bei den jeweiligen Besatzungstruppen ein. Es gab zudem auch noch unterschiedliche Varianten dieses leichten Maschinengewehrs, die selbst nach dem Ende des Zweiten Weltkrieges weiter produziert wurden. Die Version L4 rüsteten die Konstrukteure auf das NATO-Kaliber 7,62 x 51 mm um.

Viele Details erinnern an das tschechische ZB 26.

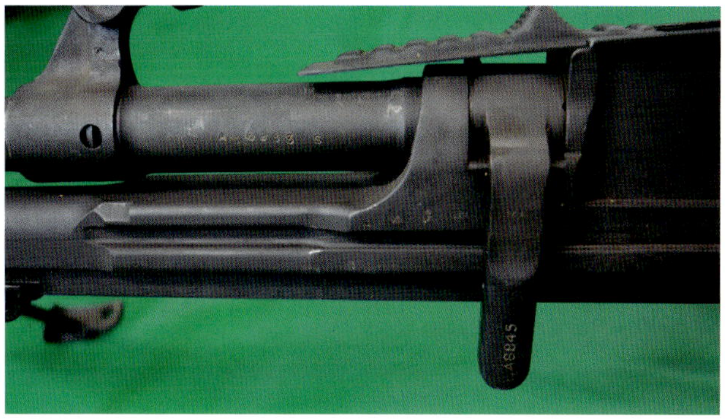

Technische Daten:	
Hersteller:	Royal Small Arms Factory, Enfield; John Inglis Ltd., Toronto
Ausführung:	leichtes Maschinengewehr
Produktionszeit:	1937 bis 1971
Kaliber:	7,7 mm
Länge:	1156 mm
Lauflänge:	635 mm
Gewicht:	10,03 kg
Feuerrate:	500 Schuss/min
Effektive Reichweite:	550 m

Italien
MG Fiat Revelli 1914

Das Fiat Revelli verfügt über einen Wassermantel zur Kühlung.

Mit dem Namen Fiat dürften nicht allzu viele ausgerechnet Waffen in Verbindung bringen. Doch den Italienern gelang es, das Monopol von Maxim und Vikkers vor Ausbruch des Ersten Weltkrieges zu brechen. Das Unternehmen brachte mit dem Fiat-Revelli ein Maschinengewehr mit verzögertem Masseverschluss heraus. Bei diesem System war das Ausziehen der Hülse immer mit Problemen behaftet. Fiat löste dieses Problem, indem die Konstrukteure den Ladungsraum von innen riffelten. Das Ergebnis: Der Druck innerhalb und außerhalb der verbrauchten Patrone konnte angeglichen werden. Allerdings war diese Idee nicht neu, doch beim Fiat-Revelli kam sie erstmals richtig zur Geltung. Patentieren ließen sich die Italiener diese Idee (unverständlicherweise) aber nicht.

Die Munitionszuführung war etwas komplizierter an diesem Maschinengewehr. Ein Magazin mit zehn senkrechten Kammern zu jeweils zehn Schuss speiste das Maschinengewehr. War eine Kammer leer, griff eine Klaue in einen Hebel und bewegte den ganzen Kasten weiter. Dieses Standard-MG der italienischen Truppen im Ersten Weltkrieg blieb auch noch in der Zwischenkriegsphase und selbst noch im Zweiten Weltkrieg im Einsatz. Auch an andere Länder gingen diese Waffen.

Im Jahr 1935 gab es noch einige Veränderungen bzw.

Verbesserungen an der Konstruktion, die man dann als Fiat-Revelli 14/35 bezeichnete. So verschwand etwa der Wassermantel zur Kühlung und machte einer Luftkühlung Platz. Auch mussten die Patronen nicht mehr geölt werden. Doch auch mit den Neuerungen zeigte die Waffe Schwächen; sie war alles andere als erfolgreich. Diese und die alte Version waren auch in Nordafrika zu finden. In den deutschen Reihen trug die Waffe die Bezeichnung 6,5 mm sMG 200 (i) – oder war auch mit dem Kürzel (j) versehen, wenn es sich um eine Beutewaffe aus Jugoslawien handelte.

Technische Daten:	
Hersteller:	Fiat SpA, Turin
Ausführung:	schweres Maschinengewehr
Produktionszeit:	1914 bis 1920
Kaliber:	6,5 mm
Länge:	1720 mm
Lauflänge:	650 mm
Gewicht:	17 kg
Feuerrate:	500 Schuss/min
Effektive Reichweite:	1500 m

Die Munitionszuführung war recht kompliziert.

Mit 17 Kilogramm war das Fiat-MG unhandlich.

Blick von hinten auf das MG.

Wasserbehälter für das Fiat Revelli.

Italien
MG Breda M1930

Breda M1930 mit abgeklapptem Magazinschacht.

Im Einsatz erwies sich das Breda M1930 als unpraktisch.

In solchen Rahmen (links) kam die Munition in die Waffe. Stempel auf dem Schaft der Waffe (rechts).

Nach dem Ersten Weltkrieg stieg das Unternehmen Breda in die Waffenkonstruktion ein. Es entstand eine Reihe von unterschiedlichen Modellen, darunter auch einige leichte Maschinengewehre. Aus den Erfahrungen mit den Modellen 1924, 1926 und 1928 ging am Ende schließlich das Modell 1930 hervor, oder wie es im Original hieß: Fucile Mitriagliatori Breda modell 30. Die Literatur ist sich bei dieser Konstruktion einig, dass es sich hier um einen Entwurf handelt, der keinesfalls auf der Höhe der Zeit war. Zahlreiche Ecken und Kanten fanden sich auf dem Äußeren der Waffe, so dass die Soldaten daran hängen blieben.

Doch es gab weit schwerwiegendere Probleme: Die Munitionszuführung erfolgte über ein Kastenmagazin am Gehäuse, das aber nicht abgenommen, sondern zum Befüllen nur hochgeklappt werden konnte. Dann kamen die Patronen mittels Ladestreifen in den Kasten und man klappte es zurück. Im Gefecht eine schwierige Situation, zumal dann, wenn das Magazin oder das Klappscharnier beschädigt waren, weil dann die ganze Waffe ausfiel.

Das Auswerfen der Hülsen war auch ein Problem. Die Patronen mussten geölt werden, um reibungslos ins Lager zu gleiten, und damit die Hülsen später zuverlässig ausgestoßen wurden. Dazu nutzte man eine interne Ölpumpe, die Abhilfe schaffen sollte. Doch das Öl verklumpte schnell, wie es sich vor allem in Nordafrika zeigte. Zudem arbeitete der Verschluss des Rückstoßladers ruckartig, sodass Ladehemmungen und Hülsenreißer an der Tagesordnung waren.

Das Breda M1930 arbeitete mit einer starren Verriegelung mit Drehzylinderverschluss und erwies sich im Einsatz als plumpe und unpraktische Waffe. Dennoch wurde es zum Standard-Maschinengewehr bei den leichten Versionen der italienischen Truppen im Zweiten Weltkrieg. Das bleibt unverständlich, zumal es andere Konstruktionen gab. In Ermangelung von Alternativen nutzten auch deutsche Truppen dieses leichte Maschinengewehr in ihren Reihen in Nordafrika oder später, als der Krieg auf das Festland übergriff. Intern lief das Breda M1930 unter der Bezeichnung 6,5 mm leMG 099 (i).

Technische Daten:	
Hersteller:	Societa Anonima Ernesto Breda, Brescia
Ausführung:	leichtes Maschinengewehr
Produktionszeit:	1930 bis 1945
Kaliber:	6,5 mm
Länge:	1230 mm
Lauflänge:	520 mm
Gewicht:	10,2 kg
Feuerrate:	475 Schuss/min
Effektive Reichweite:	900 m

Italien

MG Breda M1937

Breda war eigentliche bekannt für Lokomotiven, nicht für MGs wie das M1937.

Mit dem Namen Breda verband sich lange Zeit nicht der Begriff »Waffe«, denn das italienische Unternehmen war eher dafür bekannt, dass es Lokomotiven herstellte. Als dann im Ersten Weltkrieg die Wirtschaft vieler Nationen auf Kriegswirtschaft getrimmt wurde, sahen sich die Italiener vor die Herausforderung gestellt, Waffen zu produzieren. Zunächst noch als Lizenzhersteller, begann Breda im Jahr 1924 selbst mit der Produktion auf diesem Sektor, so etwa mit einem leichten Maschinengewehr, auf das später mit dem Modell 1930 das Standardmodell der italienischen Armee folgte, das aber einige Mängel aufwies.

Magazinschacht (unten) und Seriennummer und Firmenschild des Breda M1937.

Es folgten weitere Konstruktionen, und mit dem Breda Modell 1937, oder wie es im Original hieß 8 Mitraglic Breda modello 1937, schuf man das Standard-sMG für die italienischen Truppen. Dabei handelte es sich um einen Gasdrucklader im Kaliber 8 Millimeter, ausgelegt als Streifenlader mit Munitionsstreifen zu je 20 Schuss. Ein interessantes Detail: Die leeren Hülsen verblieben im Streifen. Um Zuführstörungen zu vermeiden, mussten die Patronen allerdings gefettet sein – bei modernen Waffen eigentlich nicht mehr üblich zu dieser Zeit. Zumal das Öl bei Kälte zähflüssig wurde und bei Staub zum Verklumpen neigte.

Die Verriegelung dieses schweren Maschinengewehrs erfolgte mittels einer gleitenden Verriegelungswarze, die sich durch den Gasdruck anhob. Die Toleranzen in der Fertigung waren hoch. Das alles klingt nach einer nicht sehr guten Waffe, was aber in dieser Form nicht zutrifft. Die schwere 8-mm-Patrone (erst zwei Jahre vor der Waffe eingeführt) hatte eine enorme Durchschlagskraft und auch ansonsten galt die Waffe – bei entsprechender Pflege und Bedienung – als zuverlässig. Selbst die Alliierten erkannten die Vorteile dieses sMG und nutzten es, nachdem sie einige der Waffen in Nordafrika erbeuteten. Und auch die Wehrmacht holte das Breda M1937 in ihre Reihen, vermehrt nach dem Abfall des italienischen Bündnispartners und der Besetzung des Landes im Jahr 1943. Als 8 mm sMG 259 (i) war es in deutschen Diensten zu finden, in erster Linie aber eben bei Truppen, die in Italien zum Einsatz kamen.

Blick in die Mündung und von hinten auf die Griffe für den Schützen.

Technische Daten:	
Hersteller:	Societa Anomima Ernesto Breda, Brescia
Ausführung:	schweres Maschinengewehr
Produktionszeit:	1937 bis 1943
Kaliber:	8 mm
Länge:	1270 mm
Lauflänge:	679 mm
Gewicht:	19,6 kg
Feuerrate:	450 Schuss/min
Effektive Reichweite:	1000 m

Frankreich
MG Hotchkiss M1914

Hotchkiss M1914 in der WTS.

Blick von links in die Waffe.

Wie sich an der Zahl 1914 erkennen lässt, stammt dieses schwere Maschinengewehr aus der Zeit des Ersten Weltkrieges. Zwar hatten die Franzosen nach dem Kriegsende 1918 einige Fortschritte im Bereich der leichten MGs gemacht, doch bei den schweren Ausführungen war nicht viel Staat zu machen. Aus diesem Grund zogen die Soldaten der Grande Nation auch noch mit diesem veralteten MG in den Zweiten Weltkrieg. Unproblematisch war diese Waffe aber ohnehin nie gewesen. Sie war unhandlich, schwer und heizte sich schnell auf. Die Techniker gaben den Rat, den Lauf zu wechseln, was aber nur bedingt im scharfen Einsatz sinnvoll war, denn dazu musste ein Mann der Bedienung vor die Mündung treten. Andererseits erwies sich das Hotchkiss M1914 aber auch als zuverlässig, wenn man sich der Mechanik annahm und die empfindlichen Teile pflegte. Obwohl schon 1914 produziert, avancierte es doch erst im Jahr 1917 zum Standard-MG der Franzosen.

Ein erbeutetes Hotchkiss M1914.

Einstellungsrad an der Kimme des M 1914.

Das Repetieren erfolgte über abgezapfte Pulvergase, jedoch arbeitete diese Waffe mit einem zuschießenden Verschluss. Hier schnellt der Block erst bei Betätigen des Abzuges nach vorne, führt die Patrone zu und zündet diese. Ohne den Finger am Abzug blieb der Verschluss hinten, was zum einen für eine bessere Kühlung, aber auch dafür sorgte, dass sich keine Patrone im Lager einer heißgeschossenen Waffe befand. Doch ein weiterer Kritikpunkt war die Munition. Die konische Hülsenform der 8-mm-Lebel-Patrone verursachte Probleme, genauso wie die blechernen Ladestreifen, die sehr empfindlich waren (später löste man dies mit der Verwendung von speziellen 249-Schuss-Gurten).

Auf alle Fälle zogen die Franzosen damit gegen die Wehrmacht zu Felde. Die erbeuteten Waffen nach dem Sieg über Frankreich fanden ihren Weg als 8 mm Maschinengewehr 257 (f) in die Reihen der Deutschen, die es u.a. in der Küstenverteidigung in Frankreich einsetzten. Waffen, die in anderen Ländern von den Deutschen erbeutet wurden, trugen die gleiche Bezeichnung, nur änderte sich der Buchstabe in den Klammern. Es gab auch noch eine Version im größeren 11-mm-Kaliber zum Einsatz gegen Ballone und Flugzeuge, die sich aber auf Dauer nicht durchsetzen konnte. Die Ursprungsversion kauften auch andere Länder wie Brasilien, Mexiko oder Spanien. Auch in den Konflikten im Nahen Osten Ende der 1940er Jahre oder zu Beginn der 1950er Jahre war das Hotchkiss M1914 immer noch im Gebrauch.

Technische Daten:	
Hersteller:	Societé de la Fabrication des Armes á Feu Portatives Hotchkiss et Cie, St. Denis
Ausführung:	schweres Maschinengewehr
Produktionszeit:	1914 bis 1930
Kaliber:	8 mm
Länge:	1270 mm
Lauflänge:	775 mm
Gewicht:	23,6 kg
Feuerrate:	500 Schuss/min
Effektive Reichweite:	über 2000 m

Frankreich
MG Darne

Zu den weniger bekannten, wenn nicht gar rühmlichen französischen Maschinengewehren zählt das sogenannte Darne-MG oder wie seine offizielle Bezeichnung lautete: Fusil mitrailleur Darne mle 1922. Ursprünglich war diese Waffe von Regis und Pierre Darne als Flugzeugwaffe konzipiert worden, doch man entschied sich dann doch, dieses Maschinengewehr auf der Erde einzusetzen, oder es zumindest zu versuchen. R&P Darne, so der Name des Unternehmens in St. Etienne, hatte sich im Laufe des 19. Jahrhunderts einen ausgezeichneten Ruf im Bau von hochwertigen Sportwaffen erarbeitet und man dachte, dass sich auch Militärwaffen auf eine ähnlich erfolgreiche Weise fertigen ließen. Die französischen Militärs forderten einen leichten Gasdrucklader mit Gurtzuführung, eben jenes Konzept, das sich durchzusetzen begann. Aber eines wollten die hohen Herren auch noch: Es durfte nicht viel kosten. Schnell entstand bei Darne das erste MG, das man aber in Guernica fertigte, da dort die Lohnkosten geringer waren. Niedrige Anforderungen, niedriger Preis und hohe Feuerleistung, so lässt sich dieser Gasdrucklader im Kaliber 6,5 Millimeter beschreiben – allerdings gab es auch Varianten im Kaliber 8 Millimeter. Besonders in der Luft zeigte dieses MG seine Stärken. Auf der Erde war es dagegen für die Infanterie nur bedingt geeignet, da es sich allein seiner Form wegen schlecht im modernen Bewegungskrieg einsetzen ließ.

Für den Erdkampf – so geben es Quellen wieder – bauten die Soldaten alle möglichen Zweibeine zusammen oder nutzten Holzkolben, um es stabiler zu machen. In der Truppe war die Waffe dementsprechend wenig beliebt. Bis 1930 blieb es bei der französischen Luftwaffe. Auch dachte man über eine qualitativ bessere Version nach, verwarf dieses Vorhaben aber bald wieder. Qualität kostet eben. Eine ganze Reihe der Darne-MGs fiel der Wehrmacht bei ihrem Sieg im Jahr 1940 über Frankreich in die Hände, die sie als 6,5 mm (oder 8 mm) leMG 106 (f) in ihre Reihen übernahm. Die Deutschen nutzten diese Beutewaffen dann in erster Linie als Fla-Waffe oder auch in der Küstenverteidigung.

Technische Daten:	
Hersteller:	Unceta y Compania, Guernica, für Darne
Ausführung:	leichtes Maschinengewehr
Produktionszeit:	1922 bis 1939
Kaliber:	6,5 mm (oder 8 mm)
Länge:	1120 mm
Lauflänge:	600 mm
Gewicht:	9,7 kg
Feuerrate:	650 Schuss/min
Effektive Reichweite:	k .A.

Frankreich
MG Chatelleraut M 1924/29

Blick auf den doppelten Abzug und die Schiebekimme des MGs.

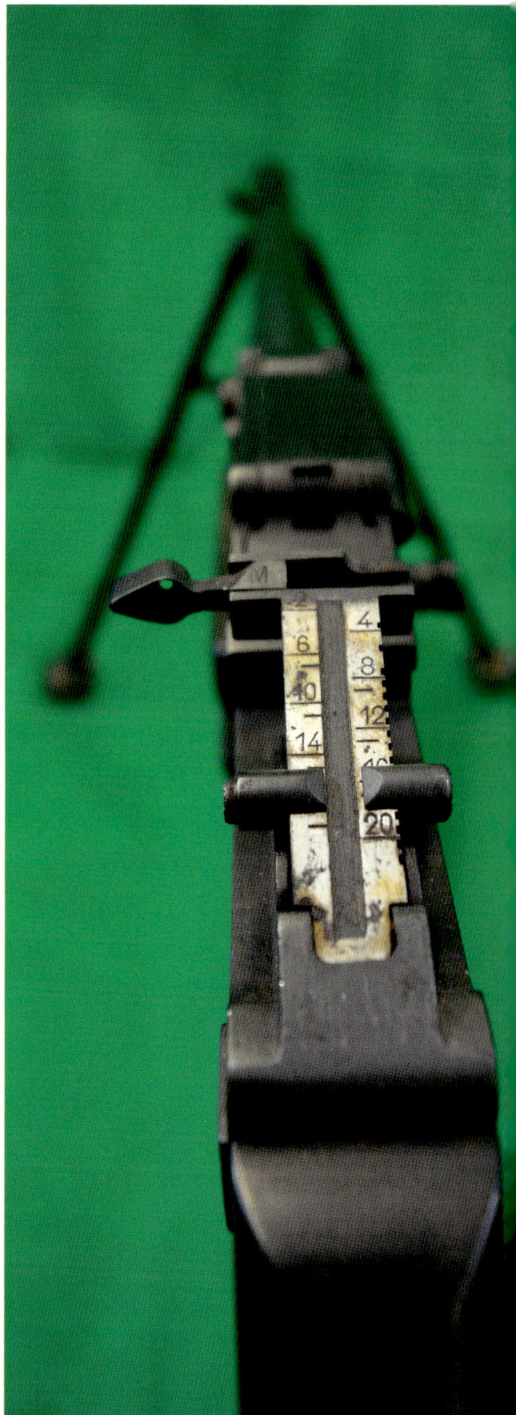

Im Mai 1940 begann die Wehrmacht ihren Westfeldzug gegen Frankreich. Die Armee der Grande Nation hatte im MG Modell 1924/29 ihr Standardmaschinengewehr gefunden. Seine Entwicklung hatte ihren Anfang nach dem Ende des Ersten Weltkrieges genommen. Dort hatten sich die französischen Muster »Chauchat« als Reinfall erwiesen und sollten dementsprechend durch ein anderes Muster ersetzt werden. Im Jahr 1921 gab es schon einen Prototyp des Werkes Chatelleraut, der aber sehr an das Browning BAR erinnerte. Gedacht war diese Waffe auch für den Export. Bevor es aber überhaupt ausgereift war, veranstalteten die Franzosen ein Testschießen vor einer rumänischen Delegation. Dabei kam es zu einer Laufsprengung, bei der es einige Verletzte zu beklagen gab.

Trotz genauer Fehlersuche traten weitere Pannen dieser Art auf. Das Problem beseitigte man dadurch, dass man sich der Munition annahm. Das Kaliber der Waffe betrug 7,5 Millimeter und die Konstrukteure verbesserten die Patrone dahingehend, dass man die Hülse verkürzte und auch am Maschinengewehr selbst einige Änderungen vornahm. Die Franzosen nutzten darüberhinaus auch besseren Stahl in der Herstellung, was dazu führte, dass das Vertrauen in die Waffe wieder wuchs.

Vorher hatte man schlechten Stahl verwendet, der die Hitze derart schlecht ableitete bzw. sich so sehr erhitzte, dass die Patronen schon in der Waffe während der Zuführung zündeten, was eben zu den erwähnten Laufsprengungen führte. Beim 24/29 erfolgte die Munitionszufuhr von oben mittels Magazin. Das Chatelleraut hatte zwei Abzüge, von denen der hintere Dauerfeuer und der vordere Einzelfeuer schoss.

Die Wehrmacht erbeutete große Stückzahlen dieser Waffe und führte sie unter der Bezeichnung 7,5 mm leMG 116 (f) in die eigenen Reihen ein. Vor allem Besatzungstruppen, Standorttruppen oder auch Polizeieinheiten erhielten dieses lMG zugewiesen. Doch mit dem Ende des Krieges in Europa war für dieses Maschinengewehr keinesfalls der Dienst beendet. Auch blieb die Waffe noch einige Jahre im Dienst der französischen Armee. Numerisch hatte das Chatelleraut M24/29 seinen größten Einsatz während der Kriege in Indochina und Algerien.

Technische Daten:	
Hersteller:	Manufacture d´Armes de Chatelleraut; Manufacture d´Armes de St. Etienne
Ausführung:	leichtes Maschinengewehr
Produktionszeit:	1929 bis 1940
Kaliber:	7,5 mm
Länge:	1007 m
Lauflänge:	500 mm
Gewicht:	8,93 kg
Feuerrate:	bis zu 600 Schuss/min
Effektive Reichweite:	800 m

Frankreich
MG Chatelleraut Modell 1931

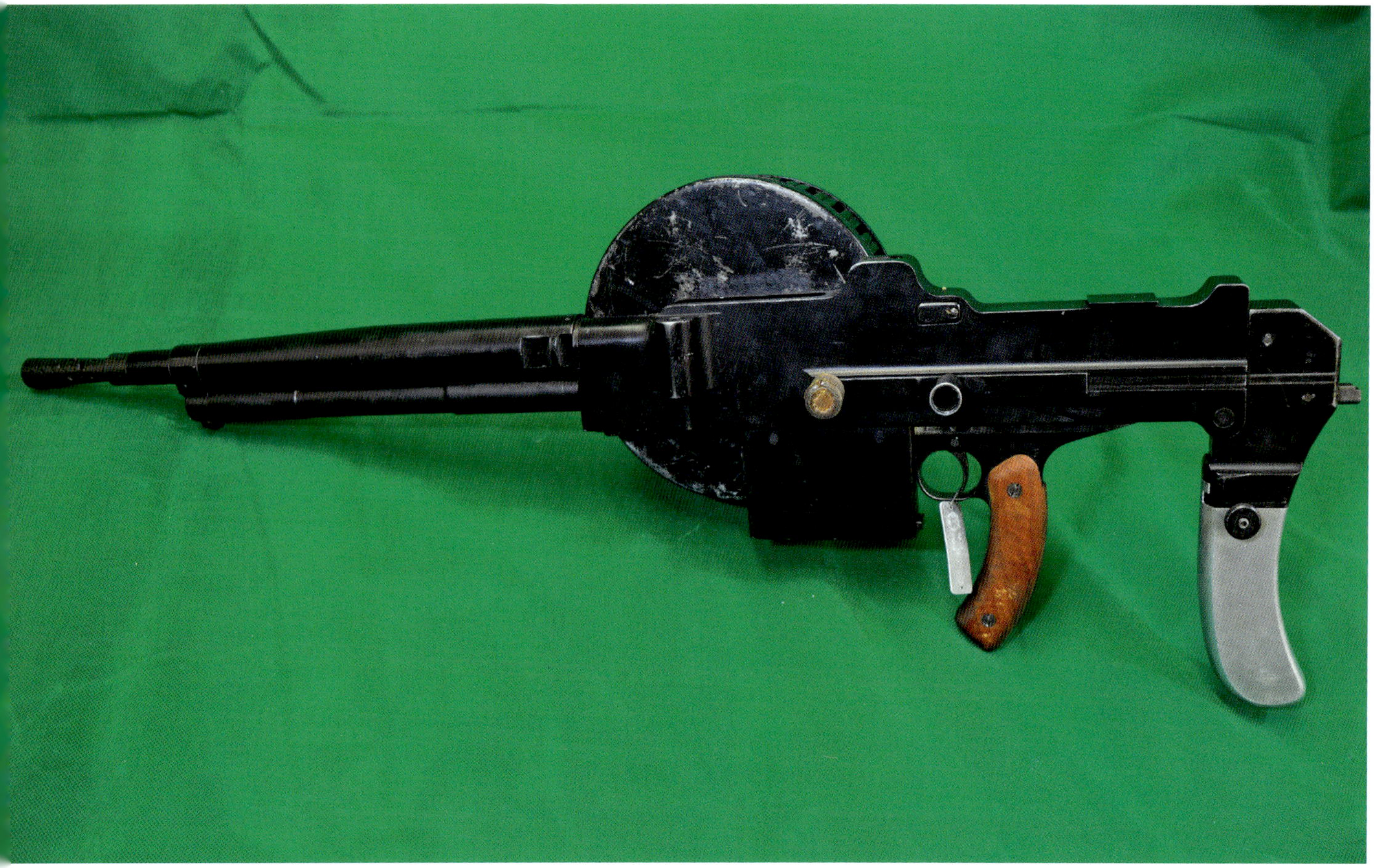

Das Chatelleraut gehört vom Design zu den ungewöhnlichen MGs.

Auch wenn es auf den ersten Blick nicht zu vermuten wäre, so ist das Chatelleraut Modell 1931 doch eine spezielle Version des Modells 1924/29. Es war eine Sonderausführung ohne Gewehrkolben (stattdessen ein Kolben in einer besonderen Ausführung) mit einem 150-Schuss-Trommelmagazin, das seitlich am Gehäuse saß. Gedacht war es für den Einsatz in der Maginotlinie, kam jedoch bald auch in Panzern zur Anwendung. Beim ortsfesten Einsatz erwies sich die Waffe als gut verwendbar – hier spielte das Gewicht keine Rolle. Es kamen derart viele Waffen zur Truppe, dass man dieses Maschinengewehr auch als Fla-Waffe einsetzte. Dabei kam das Chatelleraut Modell 1931 oft als Zwillingsausführung auf speziell dafür konstruierten Karren an die Front. Da es von diesen MGs so viele gab, gerieten dementsprechend auch viele Exemplare in die Hände der deutschen Wehrmacht nach ihrem Sieg über Frankreich. Mit der Bezeichnung 7,5 mm KpfwMG 311 (f) übernahmen die Deutschen dieses Modell in ihre Reihen. Französische Freiwillige erhielten ihre Ausbildung an diesem Maschinengewehr. Nur wenige Exemplare verblieben bei den Truppen von Vichy-Frankreich im Süden des besiegten Landes oder in Nordafrika. Dort setzte man sie weiter bis zum Kriegsende ein.

Da es sich um ein Maschinengewehr handelte, das

man speziell für Verteidigungsanlagen entwickelte, kam es in großer Zahl auch beim Atlantikwall zum Einsatz. Die Deutschen schätzten das französische Maschinengewehr vor allem wegen seiner guten Leistungen als Fla-Waffe. Auch im Fernen Osten fand sich dieses Maschinengewehr wieder, wo es unter anderem auch in die Hände der Viet Kong fiel, die diese Waffe wiederum auf ihrer Seite einsetzten. Auch im Arabisch-Israelischen Krieg (1948), dem ersten Indochina-Krieg (1946–1954) und im Algerienkrieg (1954–1962) kam das Modell 1931 noch bei den Truppen zum Einsatz.

Technische Daten:	
Hersteller:	Manufacture d´Armes de Chatelleraut
Ausführung:	leichtes Maschinengewehr
Produktionszeit:	1931 bis 1940
Kaliber:	7,5 mm
Länge:	1030 mm
Lauflänge:	600 mm
Gewicht:	11,8 kg
Feuerrate:	750 Schuss/min
Effektive Reichweite:	k. A.

Die Griffpartie zeigt sich noch normal gestaltet, ...

... aber ein senkrechtes Magazin war schon ungewöhnlich.

Andere französische MGs

Hotchkiss M 1922 der WTS.

Die Franzosen hatten eine ganze Reihe von unterschiedlichen Maschinengewehren, mit denen sie die Deutschen im Zweiten Weltkrieg aufhalten wollten. Viele davon stammten noch aus der Zeit des Ersten Weltkrieges. Hier nun einige davon kurz zusammengefasst. Wie etwa das Hotchkiss M1922, das als 8 mm leMG 105 (f) seinen Eingang in die Wehrmacht fand und dort nur in geringer Stückzahl an die Besatzungstruppen in Frankreich ausgegeben wurde.

Technische Daten: Hotchkiss M1922	
Hersteller:	Societé de la Fabrication des Armes á Feu Portatives Hotchkiss et Cie, St. Denis
Ausführung:	leichtes Maschinengewehr
Produktionszeit:	ab 1922
Kaliber:	8 mm
Länge:	1350 mm
Lauflänge:	700 mm
Gewicht:	9,22 kg
Feuerrate:	600 Schuss/min
Effektive Reichweite:	k. A.

Noch aus der Zeit des Ersten Weltkrieges stammend …

… war das M1922 im Zweiten Weltkrieg längst überholt.

Technische Daten: Lewis M1924	
Hersteller:	unbekannt, evt. von Societé d´ Armes Lewis, St. Denis
Ausführung:	1913 bis 1942 (in allen Varianten)
Produktionszeit:	leichtes Maschinengewehr
Kaliber:	8 mm
Länge:	1140 mm
Lauflänge:	600 mm
Gewicht:	8,5 kg
Feuerrate:	450 Schuss/min
Effektive Reichweite:	k. A.

Oder das 8 mm leMG 107 (f), dessen Originalbezeichnung Fusil mitarilleur »Lewis« mle 1924 war. Dabei handelt es sich um ein Flugzeug-MG, das man für den Erdeinsatz umbaute (mit Zweibein und Kolbenstütze versehen). Diese Waffe mit Stangenmagazin – deren genaue Hersteller unbekannt sind – kam aber nur in geringen Stückzahlen bei der Wehrmacht zum Einsatz, stattdessen meist bei den Besatzungstruppen, die ohnehin im Land waren.

Dänemark
MG Madsen

Das Madsen-MG gehört zu den dänischen Verkaufsschlagern.

Zu Beginn des 20. Jahrhunderts begannen viele Armeen sich mit Maschinengewehren auszurüsten. Kleinere Länder griffen meist auf Waffen der großen Produzenten zurück. Nicht so jedoch die Dänen. Das Dansk Industri Syndikat begann zur Jahrhundertwende mit der Konstruktion eines eigenen MGs, das man später als Madsen-MG kennen sollte. Der Name geht dabei auf den damaligen Verteidigungsminister zurück. Es kam zu Erprobungen und zum Wettschießen, doch der große Durchbruch blieb der Waffe versagt.

Dennoch wartet dieses MG mit einigen interessanten

Madsen-MG mit der Seriennummer 5422 aus der WTS.

Schiebevisierung des Madsen. Gut zu erkennen: Die Kühlrippen unter dem Mantel.

Details auf. Der Mechanismus beruht auf dem Martini-Gewehr (jeder einzelne Schuss musste nachgeladen werden). Damit hätte das Madsen nun eigentlich den einfacheren Waffen mit Zylinderverschluss unterlegen sein müssen, aber dem war nicht so. Der Verschluss des zu schießenden Rückstoßladers kann nach oben und unten schwenken. Beim Rücklauf wird er durch eine Kulisse nach oben geschwenkt. Gleichzeitig befördert der Auswerfer die leere Hülse nach unten aus dem System. Wenn er sich daraufhin wieder nach vorne bewegt, wird der Verschluss nach unten geschwenkt und der Zubringer befördert die nächste Patrone ins Lager; dann kommt der Verschluss in seine Mittelstellung hinter dem Lager, der Zündstift schnellt nach vorne und löst den Schuss aus – anschließend beginnt alles wieder von vorne.

Das Magazin saß wie beim Bren oben auf als Kasten. Die theoretische Feuergeschwindigkeit lag bei 450 Schuss in der Minute, aber in der Realität konnten meist nur etwa 120 Schuss in der Minute abgegeben werden.

Es gab eine ganze Reihe von verschiedenen Varianten dieser Waffe, die über 50 Jahre produziert werden sollte. Nach dem Einmarsch der deutschen Truppen in Dänemark und Norwegen (wo ebenfalls das Madsen-MG verwendet wurde), übernahm die Wehr-

macht diese Waffen als 6,5 mm leMG 102 (n) und als 6,5 mm leMG103 (n) in ihre Reihen. Diese Maschinengewehre gingen in der Mehrzahl an die Besatzungstruppen in Norwegen.
Weiter gab es darüber hinaus noch ein Madsen-MG, das als 7,92 mm Maschinengewehr Madsen in den Büchern stand. Dabei handelte es sich um ein umgerüstetes Flugzeug-MG, das man danach auch im Erdkampf und als Fla-Waffe einsetzen konnte. Einige der Maschinengewehre fielen auch den Japanern in die Hände, als sie die niederländischen Truppen besiegten. Erst Mitte der 1950er Jahre rangierte man in Dänemark das Madsen-MG aus und ersetzte es durch einen neueren Typ.

Technische Daten:	
Hersteller:	Dansk Rekyt-Riffel Syndikat A/S »Madsen«, Kopenhagen
Ausführung:	leichtes Maschinengewehr
Produktionszeit:	1902 bis 1955
Kaliber:	6,5 mm (später auch umgerüstet)
Länge:	1170 mm
Lauflänge:	588 mm
Gewicht:	10,2 kg
Feuerrate:	450 Schuss/min
Effektive Reichweite:	k. A.

Magazintasche für das Madsen.

Reeenactor-Madsen in Bovington.

Japan
MG Typ 11

Blick von oben auf das Typ 11.

Man erkennt am Typ 11 die Patenschaft zum Hotchkiss.

Gruppenbild samt Mörser und MG Typ 11 (links).

Japan öffnete sich erst zur Mitte des 19. Jahrhunderts neuen Einflüssen, so auch für den von modernen Waffen. Eigenkonstruktionen im Bereich der Maschinengewehre ließen auf sich warten. Viele Jahre nutzten die Soldaten des Tenno MGs fremder Nationen, die sie einkauften, in erster Linie Hotchkiss-Modelle. Es war dann niemand Geringeres als Generalleutnant Kijiro Nambu – der ebenfalls hinter den legendären Nambu-Pistolen stand – der sich der Konstruktion eines eigenen japanischen Maschinengewehrs widmete. Nach Verbesserungen an den bestehenden Konstruktionen (so etwa an dem Modell 3) entstand im Jahr 1922 das erste Maschinengewehr, das Nippon selbst herstellte und entwickelte. Sein Name lautete Taisho 11 oder Typ 11. Aber auch diesem MG sah man die Patenschaft zu den Hotchkiss-Modellen an. Besonders charakteristisch waren die Kühlrippen, die man auf den Lauf aufzog.

Dieser 10,2 Kilogramm schwere Gasdrucklader verschoss die gleichen 6,5-mm-Patronen, die auch das Arisaka-Gewehr nutzte. Dieses wiederum war die Standardbewaffnung der japanischen Infanterie. Völlig neuartig war aber die Munitionszuführung. Die Patronen waren in sechs einzelnen Packs (zu je fünf Schuss) in einem Kasten verstaut, der seitlich am MG montiert war. Über einen Federarm drückten die Streifen in der Schachtel nach unten. Am Boden des Kastens befand sich ein Riegel mit Aussparungen. Beim Rücklauf des Verschlusses zog das System eine Patrone nach, der Ladestreifen blieb an Ort und Stelle. Ging der Verschluss nach vorne, erfolgte die Zündung. Waren die fünf Schuss eines Ladestreifens verschossen, warf das System ihn aus und mittels Feder kam ein neuer Streifen nach unten.

Von der Idee her eine gute Konstruktion, ergaben sich im Einsatz doch diverse Schwierigkeiten. Das System war extrem störanfällig. Eindringender Schmutz konnte zu Ladehemmungen führen, das Nachladen im Gefecht war nahezu unmöglich. Zudem sorgte der Munitionskasten dafür, dass die ganze Waffe aus der Balance kam. Darüberhinaus war das MG Typ 11 nur für Dauerfeuer gedacht. Mit einer größeren Kapazität von 50 Schuss gab es das Modell auch noch unter der Bezeichnung Modell 91 für die japanische Panzertruppe. Doch die Kapazität war immer noch zu gering, die Schwierigkeiten beim Nachladen noch nicht behoben. So erwies sich das neue Modell als unbrauchbar, zumal man eben diese Erfahrungen in China machte. Dennoch blieb das Modell 11 bis zum Ende des Pazifikkrieges bei den Japanern im Einsatz, da es an ausreichendem Ersatz mangelte. Als Nambu-MG kannten es die Alliierten und unter diesem Namen ist es auch heute noch bekannt. Doch noch bevor der Krieg im Pazifik mit den Vereinigten Staaten ausbrach, mussten neue Maschinengewehre für die Soldaten des Tenno geschaffen werden. Der Typ 11 war das erste japanische MG, doch noch lange nicht ausgereift.

Technische Daten:	
Hersteller:	Nambu
Ausführung:	leichtes Maschinengewehr
Produktionszeit:	ab 1922
Kaliber:	6,5-mm-Arisaka
Länge:	1105 Millimeter
Lauflänge:	480 Millimeter
Gewicht:	10,2 Kilogramm
Feuerrate:	500 Schuss/min
Effektive Reichweite:	1500 m

Japan
MG Typ 92

Das MG 92 wog mit über 55 Kilogramm enorm viel und war entsprechend schwer zu bewegen.

Generalleutnant Kijiro Nambu gehörte in Japan zu den großen Waffenkonstrukteuren. Er schuf auf Grundlage bereits vorhandener Modelle verbesserte Varianten und ließ dabei den japanischen Geist mit einfließen. Eine seiner wichtigsten Konstruktionen vor Ausbruch des Zweiten Weltkrieges, entstanden in der im Jahr 1927 gegründeten Nambu-Waffenfabrik, war das schwere Maschinengewehr Typ 92. Es war das erste schwere Maschinengewehr, das die Japaner vor dem Ausbruch des Pazifikkrieges selbst entwarfen. Im Jahr 1932 entwickelt, basierte es auf dem älteren Taisho 3 und dieses wiederum auf einem Hotchkiss-MG. Im Gegensatz zum Taisho 3 verschoss dieses schwere MG aber nun Patronen im Kaliber 7,7 Millimeter, genauer gesagt Patronen im Kaliber 7,7-mm-Shiki 92.

Vom äußeren Erscheinungsbild war das Modell 92 gut an den massiven Kühlrippen des Laufs zu erkennen. Ein Nachteil war jedoch das enorm hohe Gewicht. Insgesamt mehr als 55 Kilogramm brachte das schwere Maschinengewehr samt seines dazugehörigen Dreibeins auf die Waage. Damit war es das schwerste seiner Art, einschließlich der wassergekühlten, die noch bei anderen Nationen im Einsatz waren. Drei Mann waren nötig, um die Waffe überhaupt zu bewegen. Ein Soldat griff am Gabelstück der Lafette zu, die anderen beiden führten Stangen in die entsprechenden Aussparungen am vorderen Teil der Lafette ein. Gemeinsam hob das Trio dann das buchstäblich schwere MG an und machte anschließend Stellungswechsel.

Der luftgekühlte Gasdrucklader erwies sich somit schon als wenig mobil, zumal wenn es darum ging, sich auf schnell ändernde Situationen im Gefecht einzustellen. Es kamen aber noch weitere Probleme hinzu. Für langes Dauerfeuer war die Waffe nicht ausgelegt, die Patronen mussten vor dem Zuführen gut geölt sein, um Fehlfunktionen zu vermeiden. So zogen

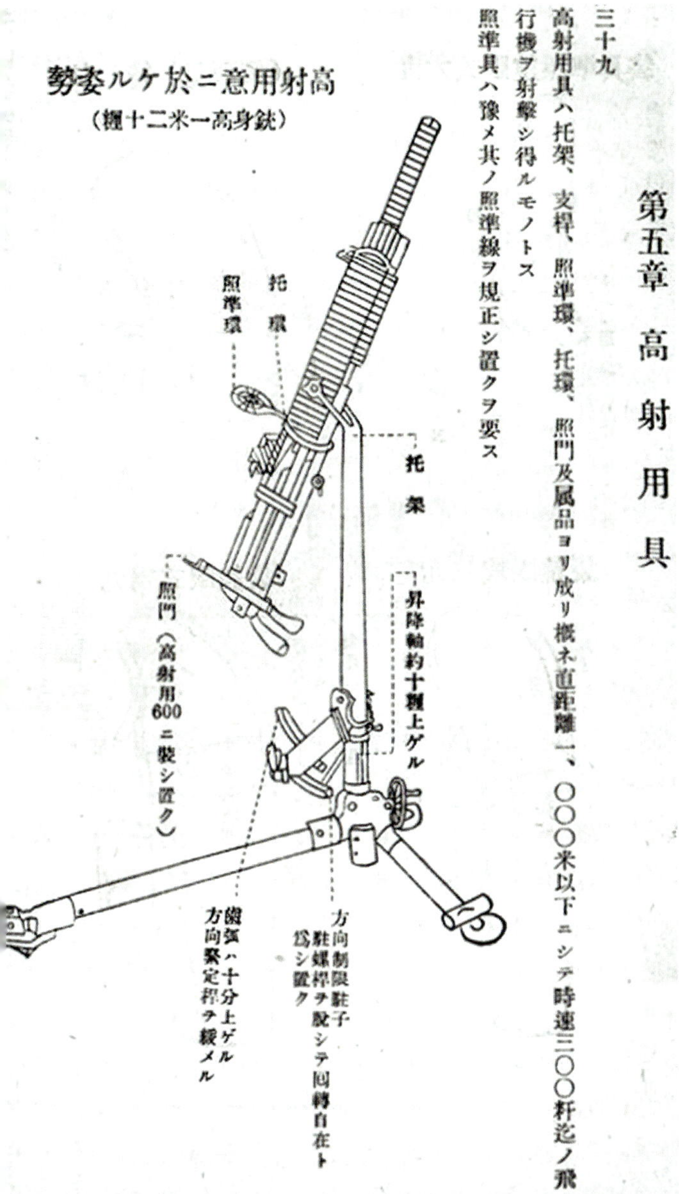

第五章　高射用具

三十九　高射用具ハ托架、支桿、照準環、托環、照門及屬品ヨリ成リ概ネ直距離一、〇〇〇米以下ニシテ時速三〇〇粁迄ノ飛行機ヲ射撃シ得ルモノトス

照準具ハ豫メ其ノ照準線ヲ規正シ置クヲ要ス

sie aber noch eher Schmutz an, was das Problem an sich nicht löste. Die Zuführung erfolgte über Patronenstreifen von 30 Schuss. Konstantes Dauerfeuer war somit nicht möglich.

Durch seinen charakteristischen Stotterton während des Feuerns gaben ihm die Amerikaner im Krieg den Spitznamen »Woodpecker«, was auf Deutsch »Specht« bedeutet. Trotz der Probleme gehörte das Modell 92 zu den am häufigsten anzutreffenden schweren MGs der Japaner im Zweiten Weltkrieg. Es ist aber nicht zu verwechseln mit anderen japanischen MGs, die ebenfalls diese Bezeichnung trugen. Ein Marine-MG oder auch ein Maschinengewehr der Marine-Flieger trugen ebenfalls diesen Namen. Bis ins Jahr 1941 hinein, also dem Jahr des japanischen Angriffs auf Pearl Harbour, produzierten die Japaner das Modell 92, unter anderem auch bei Tokyo Gas and Electric. Zur Ausstattung gehörten zwei Visiere, eines für die Fliegerabwehr und eines für den Erdkampf. Darüber hinaus konnten weitere Optiken angebracht werden.

Technische Daten:	
Hersteller:	Kokura Arsenal, Tokyo Gas and Electric
Ausführung:	schweres Maschinengewehr
Produktionszeit:	k. A.
Kaliber:	7,7-mm-Shiki 92
Länge:	1160 mm
Lauflänge:	700 mm
Gewicht:	55,3 kg
Feuerrate:	450 Schuss/min
Effektive Reichweite:	800 m

Zwei Visiere für das japanische MG 92. Links mit Schutzbehälter.

Japan
MG Typ 96, Typ 99, Typ 97, Typ 1

MG Typ 97 der Kaiserlich-Japanischen Armee.

Auch wenn das leichte MG Taisho 11 und das schwere Modell 92 die ersten MG-Modelle waren, die die Japaner selbst bauten (beeinflusst von anderen Modellen), so erwiesen sie sich im Einsatz doch als störanfällig. Neue Konstruktionen sollten deswegen diese Mängel beheben. So entstanden vor und während des Pazifikkrieges weitere leichte und schwere MGs, die die älteren Typen eigentlich ablösen sollten, was aber aufgrund mangelnder Produktionskapazitäten nicht gelang. So blieben die alten MGs bis Kriegsende im Dienst, bekamen aber Unterstützung von neuen Modellen.

Im Falle des Taisho 11 zeigte sich schon im China-Einsatz in den 1930er Jahren die Unzuverlässigkeit. So entstand – entwickelt von Nambu – mit dem Typ 96 im Jahr 1936 ein weiteres leichtes Maschinengewehr, das seine Einflüsse vom Hotchkiss, aber auch vom tschechischen MG ZB vz. 26 bezog. Neu daran war ein Kurvenmagazin (30 Schuss), das man von oben einrastete, die Möglichkeit des schnelles Lauf-

Technische Daten: Typ 96	
Hersteller:	Nambu
Ausführung:	leichtes Maschinengewehr
Produktionszeit:	1936 bis 1945
Kaliber:	6,5 mm
Länge:	1105 mm
Lauflänge:	555 mm
Gewicht:	9,07 kg
Feuerrate:	550 Schuss/min
Effektive Reichweite:	1000 m

Technische Daten: Typ 99	
Hersteller:	Nambu
Ausführung:	leichtes Maschinengewehr
Produktionszeit:	1941 bis 1945
Kaliber:	7,7 mm
Länge:	1181 mm
Lauflänge:	550 mm
Gewicht:	11,4 kg
Feuerrate:	800 Schuss/min
Effektive Reichweite:	800 m

Japanisches MG Typ 96.

wechsels, ein Ölsystem in der Magazinhalterung zum Einölen der Patronen und ein Zielfernrohr, das sich links am Gewehr anbringen ließ. Darüber hinaus gab es auch noch eine mechanische Visierung.

Das Kaliber war immer noch 6,5-mm-Arisaka. Es kam aber immer noch zu Problemen aufgrund von Schmutz. Eine Besonderheit wies der Typ 96 auf, die alle anderen MGs nicht hatten: Die Möglichkeit, ein Bajonett anzubringen. Aber auch dieses lMG überzeugte nicht, obwohl die Japaner es bis Kriegsende einsetzten. Jedoch entstand auf Grundlage des 96ers ein neuer Typ: das Modell 99. Auch hier waren die Einflüsse des tschechischen MGs ZB vz. 26 nicht zu leugnen. Hier kamen nun die Patronen im Kaliber 7,7 Millimeter zum Einsatz, eine Fettung der Patronen entfiel, da die Toleranzen geringer waren und sich der Verschlussabstand variieren ließ. Eine Bajonett-Arretierung gab es auch hier. Es verschoss ebenfalls 30 Patronen aus einem Kurvenmagazin. Dies behinderte aber wieder die Sicht des Soldaten. Zudem erwies

Technische Daten: Typ 97	
Hersteller:	Kokura Arsenal
Ausführung:	schweres Maschinengewehr
Produktionszeit:	1937 bis 1945
Kaliber:	7,7 mm
Länge:	1145 mm
Lauflänge:	700 mm
Gewicht:	12,4 kg
Feuerrate:	500 Schuss/min
Effektive Reichweite:	540 m

Technische Daten: Typ 1	
Hersteller:	Japan
Ausführung:	schweres Maschinengewehr
Produktionszeit:	1941 bis 1945
Kaliber:	7,7 mm
Länge:	1077 mm
Lauflänge:	589 mm
Gewicht:	31,8 kg
Feuerrate:	450 Schuss/min
Effektive Reichweite:	1400 m

Das MG Typ 97 war speziell für gepanzerte Fahrzeuge gedacht.

sich die Waffe durch den starken Rückstoß, verbunden mit dem verlagerten Schwerpunkt, als schwer beherrschbar. Dennoch erklärte man es zum Standard-MG, doch eine Vollausstattung fand nie statt.
Ähnlich sah es auch bei den schweren MGs aus. Mit dem Modell 97 entstand ein Typ, der speziell für gepanzerte Fahrzeuge gedacht war. Hier findet sich ebenfalls das Kaliber 7,7 Millimeter, mit einer Munitionszuführung in Form einen Magazins. Für den luftgekühlten Gasdrucklader gab es sowohl ein Zielfernrohr, als auch ein offenes Visier. Im Jahr 1941 erschien noch ein weiteres schweres MG: Typ 1. Mit Dreibein

Das MG Typ 99 entstand ebenfalls bei Nambu.

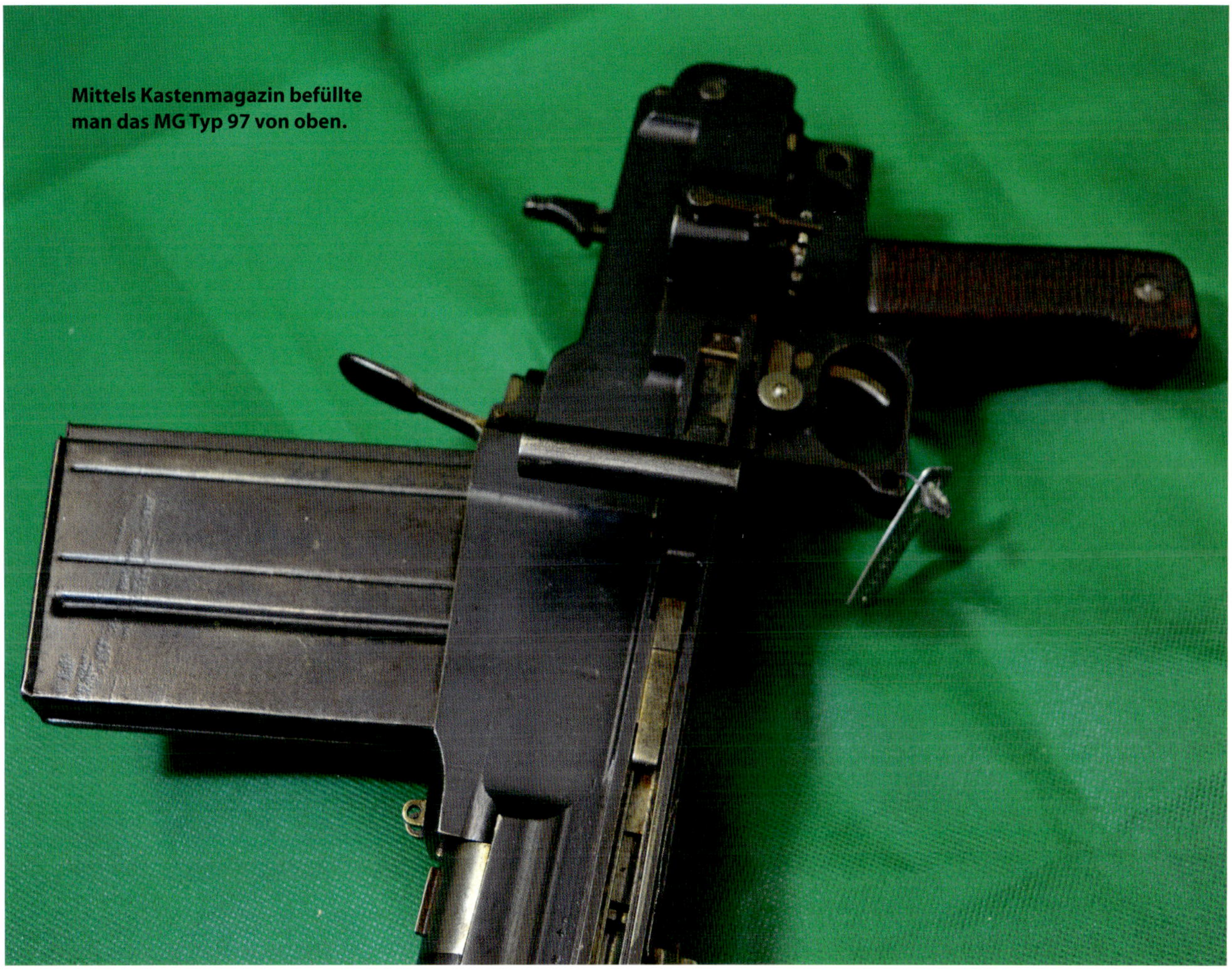

Mittels Kastenmagazin befüllte man das MG Typ 97 von oben.

versehen wog es noch 31,8 Kilogramm – eine gewaltige Ersparnis zum Modell 92. Seine effektive Reichweite lag bei stattlichen 1400 Metern und es besaß die Möglichkeit des Laufwechsels. Die Munitionszufuhr erfolgte über einen Metallstreifen von der linken Seite, die Visierung befand sich auf der Waffe. Auch dieses Modell musste von mindestens drei Soldaten bewegt werden, war dann aber sofort einsatzbereit. Wie die anderen Modelle kam auch dieses bis Kriegsende zur Verwendung bei den japanischen Truppen. Doch zeigten sich diese Modelle als unterlegen gegenüber denen anderer Nationen.

Das MG Typ 96 verfügte über die Möglichkeit, ein Bajonett anzubringen.

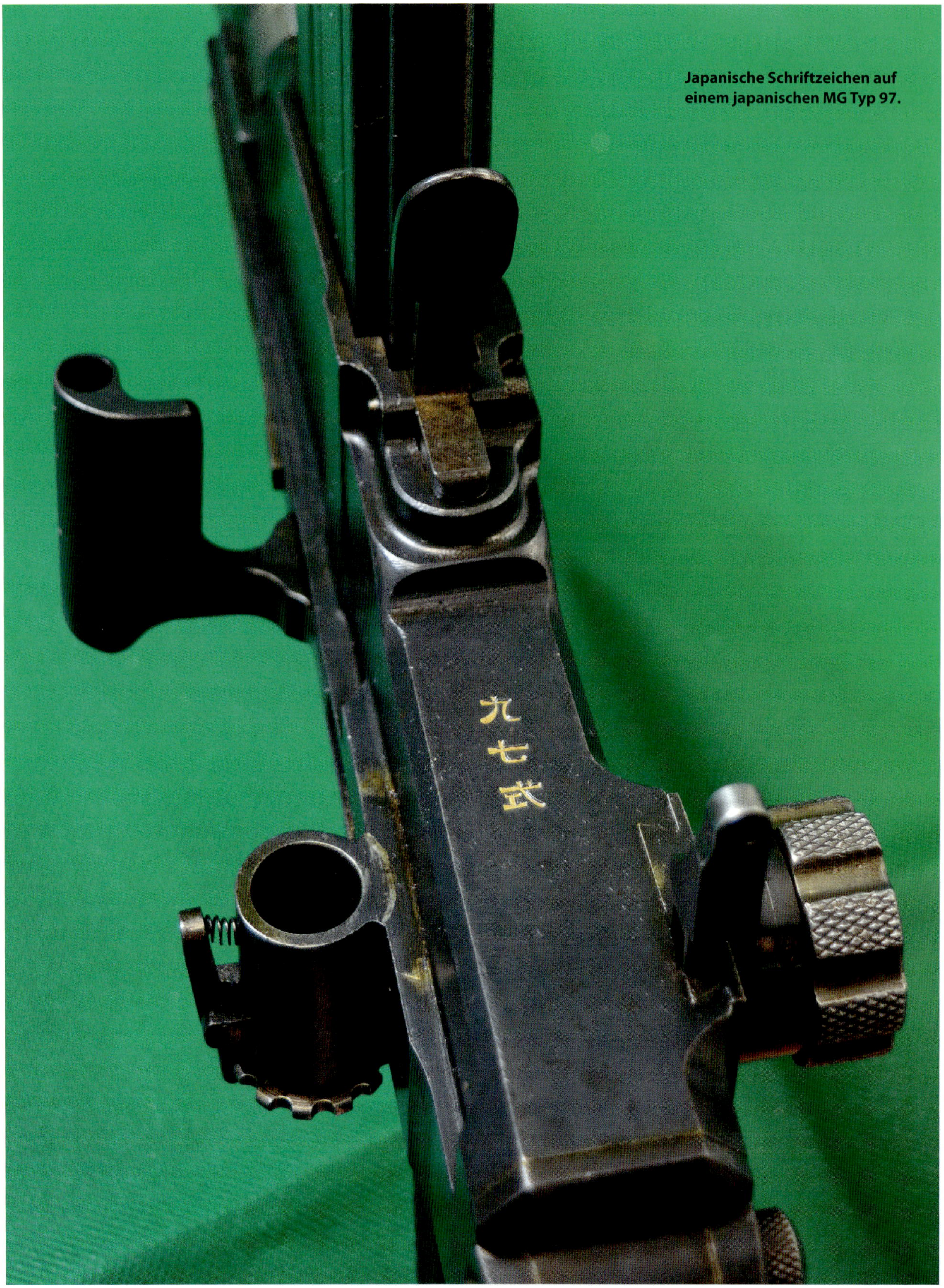

Japanische Schriftzeichen auf einem japanischen MG Typ 97.

Ein japanisches schweres Maschinengewehr Typ 1, das im Zweiten Weltkrieg neuseeländischen Truppen in die Hände fiel, im Auckland War Memorial Museum, fotografiert von DO'Neil. © CC BY-SA 3.0.

Beschriftung auf einem MG Typ 99.

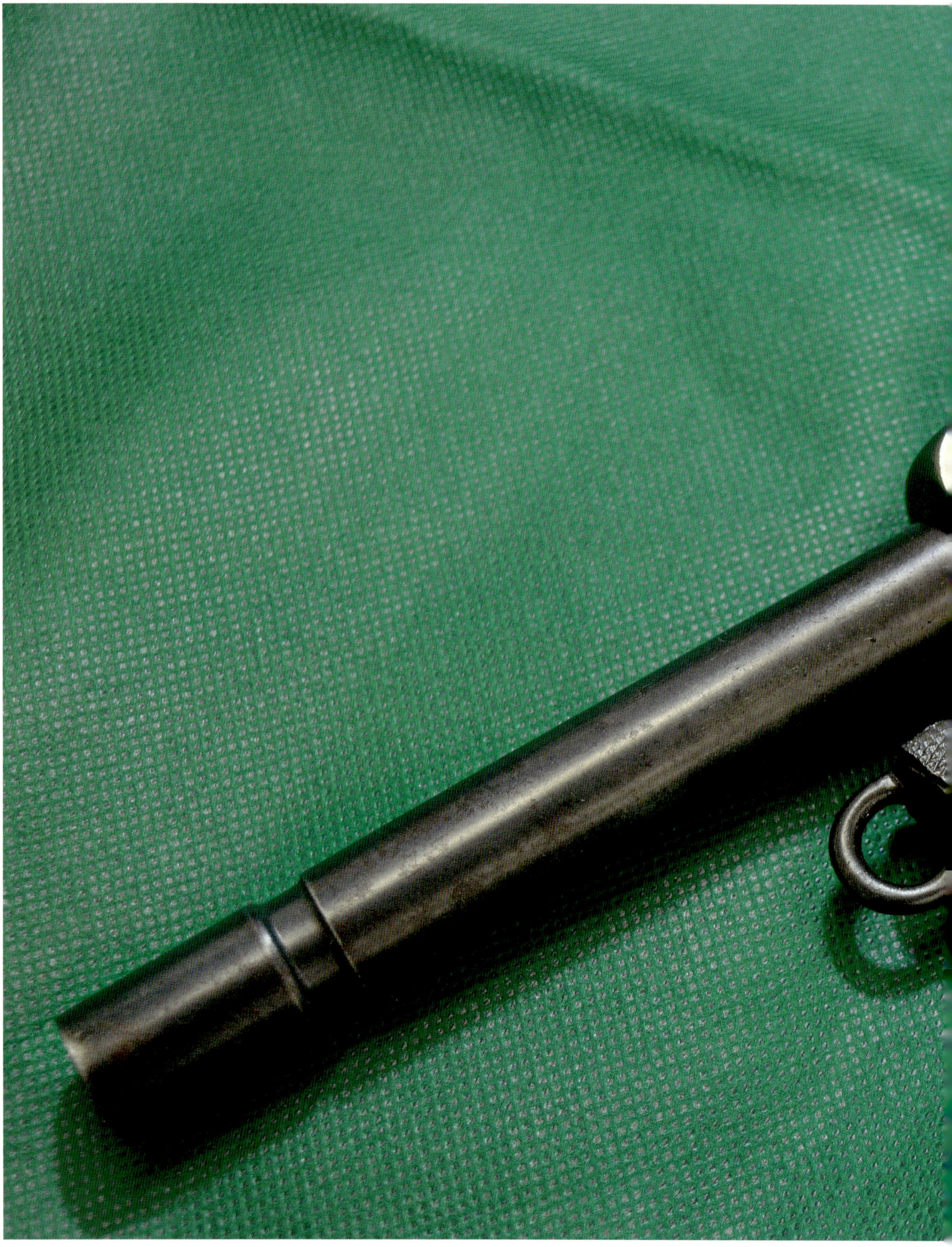

WEITERE INTERESSANTE BÜCHER ZUM THEMA

Eisenbahngeschütze galten in einer Zeit, als es noch keine Raketen gab, als einziges Mittel, um hinter den feindlichen Linien Schaden anzurichten. Diese Spezialausgabe von Gerhard Taube zeigt und beschreibt Entwicklung, Technik und Einsatz.
184 Seiten, 348 Bilder, Format 230 x 265 mm
ISBN 978-3-613-03975-9
€ 19,95 / € (A) 20,60

Gerhard Taube erzählt in diesem Band, wie sich die Waffengattung der Steilfeuergeschütze entwickelt hat. Er beschreibt detailliert die Vor- und Produktionsgeschichte der schweren Kolosse sowie ihren Einsatz in den beiden Weltkriegen.
192 Seiten, 235 Bilder, Format 230 x 265 mm
ISBN 978-3-613-04075-5
€ 19,95 / € (A) 20,60

Wolfgang Fleischer betrachtet von Panzer- über Schützen- und Kampfstoffminen, bis hin zu Zündmitteln alle wichtigen Bereiche für den interessierten Leser und bietet Überblicke zu Technik, Aufgabenbereichen und historischen Hintergründen.
144 Seiten, 240 Bilder, Format 215 x 280 mm
ISBN 978-3-613-03923-0
€ 19,95 / € (A) 20,60

In diesem Band schildert Wolfgang Fleischer die Entwicklung, den praktischen Einsatz und die Technik von Handgranaten, Granatgewehren, Panzernahbekämpfungsmitteln, Brand-, Spreng- und Zündmitteln sowie von Waffen zur Tieffliegerabwehr.
320 Seiten, 444 Bilder, Format 170 x 240 mm
ISBN 978-3-613-04057-1
€ 39,90 / € (A) 41,10

Stand September 2018
Änderungen in Preis und Lieferfähigkeit vorbehalten.

Überall, wo es Bücher gibt, oder unter
WWW.MOTORBUCH-VERSAND.DE
Service-Hotline: 0711 / 78 99 21 51

Motor buch Verlag